直翅目昆虫线粒体基因组的比较及谱系基因组学分析

常会会　著

東北林業大學出版社
Northeast Forestry University Press
·哈尔滨·

图书在版编目（CIP）数据

直翅目昆虫线粒体基因组的比较及谱系基因组学分析 / 常会会著 . — 哈尔滨 : 东北林业大学出版社，2023.12

ISBN 978–7–5674–3399–1

Ⅰ . ①直… Ⅱ . ①常… Ⅲ . ①直翅目 – 线粒体 – 基因组 – 分析 Ⅳ . ① Q969.26

中国国家版本馆 CIP 数据核字 (2023) 第 245668 号

直翅目昆虫线粒体基因组的比较及谱系基因组学分析

ZHICHIMU KUNCHONG XIANLITI JIYINZU DE BIJIAO JI PUXI JIYINZUXUE FENXI

责任编辑： 潘　琦

封面设计： 乔鑫鑫

出版发行： 东北林业大学出版社

（哈尔滨市香坊区哈平六道街 6 号　邮编：150040）

印　　装： 北京四海锦诚印刷技术有限公司

开　　本： 787 mm × 1092 mm　1/16

印　　张： 6.75

字　　数： 117 千字

版　　次： 2023 年 12 月第 1 版

印　　次： 2023 年 12 月第 1 次印刷

书　　号： ISBN 978–7–5674–3399–1

定　　价： 49.00 元

前　言

线粒体是所有真核生物共有的细胞器，是真核细胞进行新陈代谢和生物能量转化的场所，也参与细胞信号转导、衰老和凋亡等生命活动。线粒体具有自己的遗传物质，即线粒体基因组（mitochondrial genome，简称 mitogenome 或 mtDNA）。自 1981 年人类线粒体基因组的全序列被公布以来，越来越多的物种的 mtDNA 测序工作已经完成。由于易获得、便于比较且具有更高水平的可变性等优势，线粒体基因数据是迄今为止评价系统发生关系最广泛使用的分子标记。几乎所有昆虫目的代表都被包括在线粒体基因组系统发生研究中，尽管以往的研究在不同目之间存在分析偏差强度的差异，部分类群研究较少，但 mtDNA 在昆虫系统发生分析研究中的经验结果在昆虫系统学的许多研究层次上都提供了丰富的信息。

直翅目（Orthoptera）起源于石炭纪，现存物种超过 25 700 种，是多新翅类（polyneopteran）昆虫谱系中最多样化的一个目。基于不同证据（化石、形态和分子）的研究结果都强烈支持直翅目及其下两个亚目（螽亚目 Ensifera 和蝗亚目 Caelifera）的单系性，但亚目内部系统发生关系尚未完全解决。已有研究基于形态和分子数据，为直翅目及其主要谱系提出了不同的分类方案，但是这些研究都缺乏足够的分类单元或性状抽样，导致分类方案之间相互矛盾。尽管利用线粒体基因组数据和核基因数据基于系统发生提出的新的直翅目分类方案在 2015 年被提出，较好地解析了直翅目高级分类阶元之间的关系，但是直翅目中仍然存在一些尚未解决的问题。随着线粒体基因组数据在系统发生研究中的广泛应用，基于单基因水平的研究已经不能满足解决较为深层次的系统发生关系的需要，因此从谱系基因学角度来研究系统发生关系已经成为分子系统学主要的研究手段。

本书对线粒体基因组数据的获取、基因组的组装和注释方法进行了概述，并对基于一代测序和高通量测序测定 46 个直翅目物种的线粒体基因组的研究工作进行总结，以蝗总科的异歧蔗蝗（*Hieroglyphus tonkinensis*）、无齿稻蝗（*Oxya adentata*）的线粒体基因组序列为例，对直翅目物种线粒体基因组的结构、碱基组成、氨基酸的使用、密码子使用频率、RNA 二级结构、控制区特征等方面进行简单介绍。然后从比较基因组学角度对直翅目 142 个物种的 mtDNA 序列的大小、基因重排、碱基组成、密码子使用、氨基酸组成等方面进行比较分析。再从谱系基因组学角度利用直翅目 171 个物种的 mtDNA 数据进行了异质性、替换饱和等方面的分析，并通过数据划分选择模型构建系统发生树，对直翅目物种系统发生进行探讨。直翅目线粒体基因组数据的增加，将会为研究线粒体基因组进化特征和构建更加稳健的系统发生关系提供新数据，为构建更加稳健的直翅目系统发生关系和研究 mtDNA 进化特征提供新支撑。

本书的撰写得到了众多支持与帮助，在此表示感谢。由于作者水平有限，本书难免存在一些不尽完善和疏漏之处，在此真诚希望各位同行、专家和读者提出宝贵意见和建议，便于进一步的修正和完善。

作者

2023 年 11 月

目　　录

第1章　绪论

1.1　线粒体及线粒体基因组简介

线粒体是所有真核生物共有的细胞器，需氧分解有机物来合成ATP，是真核细胞进行新陈代谢和生物能量转化的场所，也有证据表明线粒体同样参与细胞信号转导、分化、受精、衰老和凋亡等过程。线粒体拥有自己的基因组（线粒体DNA，mtDNA），在动物中，mtDNA多为环形，当然非环形的结构（例如线形）已经在海绵、刺丝胞动物等中被报道。后生动物mtDNA非常小（~16 kb），很少超过20 kb大小，目前已发现最大的是双壳类软体动物*Scapharca broughtonii*（46 985 bp）和最小的是栉水母类的*Mnemiopsis leidyi*（10 326 bp）。典型的mtDNA包括22个tRNA基因、2个rRNA基因、13个蛋白质编码基因（PCGs），动物mtDNA的基因数量被认为是高度可变的，这主要是由于存在不同数量的tRNA基因。

昆虫mtDNA是环形的，典型长度为15~18 kb，同样有37个基因。除了少数物种中存在少量的基因缺失外，这37个基因在后生动物中是保守的。另外存在一些非编码序列，最大的叫作控制区，也称为AT富集区、D-Loop区或者主要的非编码区域，它包括一个复制起始位点和一个转录起始位点。基因在mtDNA内的排列也是高度保守的。13个PCGs和2个rRNA基因祖先排序形式普遍存在于两侧对称动物（Bilateria），只有在蜕皮动物（Ecdysozoan）和节肢动物mtDNA中稍有变化。昆虫祖先线粒体基因组如图1-1所示。尽管在昆虫中已经记录了在结构、基因含量和基因排列方面与祖先昆虫mtDNA存在一些显著差异，但从现有的基因组中可以清楚地看出，这些例外仅在昆虫生命之树的高度衍生部分中存在。

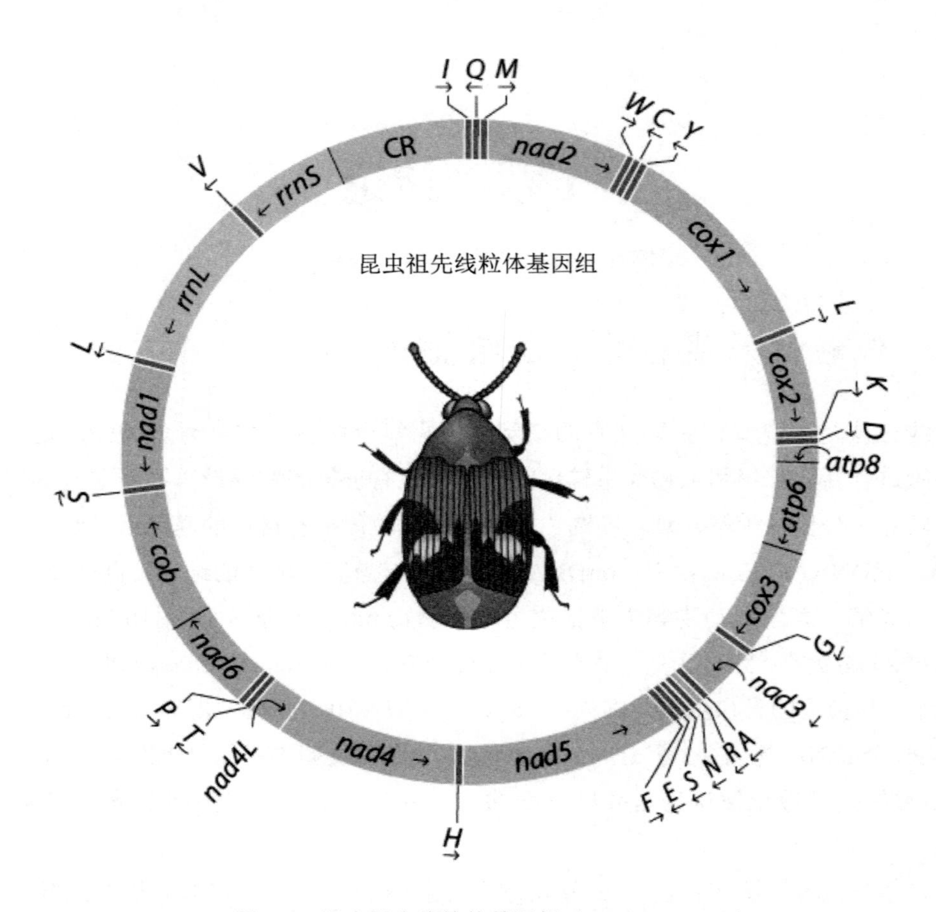

图 1-1　昆虫祖先线粒体基因组（Cameron, 2014）

注：tRNA 基因由其相应氨基酸的单字母 IUPAC-IUB 缩写表示；基因转录的方向由箭头指示；基因大小大致与其核苷酸长度成比例。

1.2　线粒体基因组研究策略及方法

mtDNA 研究包括基因组测序和生物信息学分析两部分。基因组测序步骤包括采集标本并保存、提取 DNA、设计引物，扩增 mtDNA 片段及测序；生物信息学分析步骤包括将所有片段拼接成完整的 mtDNA（环形）、校对数据并对 mtDNA 进行注释、对 tRNA 进行结构预测、对 12S 及 16S rRNA 结构进行预测、比较基因组学分析、谱系基因组学分析（系统发生分析）。

获取 mtDNA 所用的标本可以采用新鲜或者在甲醛、乙醇或液氮等中速冻低温保存的标本，一般取不含食物的组织、器官或者个体。到目前为止，获得昆虫mtDNA的方法有很多，例如氯化铯密度梯度离心法、柱层析法与DNase法、碱变性法以及改良的碱变性法、酚氯仿抽提法、改良CTAB法、异硫氰酸肌法、碱裂解法、SDS法及磁珠法提取试剂盒、离心柱型提取试剂盒等。有些方法因为其自身的一些局限，比如，设备昂贵、试验费时等已经很少使用，目前最常用的是酚氯仿抽提法和试剂盒法。过去十多年使用比较普遍的扩增方法是由Barnes率先提出的长PCR（Long-PCR）法，结合Sub-PCR获得mtDNA片段。近几年随着测序技术的发展，基于高通量测序数据通过组装获得mtDNA序列以逐渐代替一代测序成为应用最广泛的获取mtDNA数据的方法。

mtDNA测序的方法有很多种，第一代测序技术起始于1954年，Whitfeld尝试用化学降解法进行测序。1977年Maxam和Gilbert发明的化学降解法（Maxam-Gilbert method）、Sanger等发表双脱氧链终止法（Chain termination method，Sanger法），其中Sanger法操作简便、读长较长且准确率高，并以此衍生出荧光自动测序技术、毛细管阵列电泳DNA测序技术等，到目前为止仍然被广泛应用，当然也存在成本高、速度慢等缺点。现在比较先进并且逐渐被广泛使用的测序方法是第二代高通量测序技术，主要包括Roche/454测序技术、Illumina /Solexa测序技术、ABI/SOLiD测序技术以及Helicos BioSciences/HeliScope测序技术、Danaher Motion/Polonator测序技术，前三种用得最多；其相对于一代测序技术具有成本低、速度快、高通量等优势，使从宏观揭示所研究物种的基因组成和基因表达情况成为可能。第三代测序技术（next-next-generation sequencing）是基于纳米孔的单碱基测序技术，基本原理主要有SMRT技术、Oxford Nanopore技术、tSMS技术；在甲基化识别、SNP检测、全基因组测序、基因组重测序及比较基因组学、宏基因组学、转录组等领域有着突出的优势，但是也存在准确率低、读长短等缺点，目前还没有普及。此外还有基因芯片技术等。

完成mtDNA短片段测序后需要进行组装。序列组装的软件有Staden Package、Geneious、ContigExpress、DNAMAN、DNASTAR、BioEdit、Sequencher、SOAPdenovo等。mtDNA序列的注释软件有Staden Package、Geneious。三个网络服务提供mtDNA的全面注释通道：DOGMA、MOSAS、MITOS等。线粒体的tRNAs的检测软件有tRNAscan-SE、ARWEN、MiTFi等。rRNAs注释软件有MFORD、BLAST、CLUSTALX、DOGMA、Infernal等。D-Loop区通常结合参考序列应用CLUSTALX、SPIN、Tandem Repeats Finder等

软件进行保守区、重复片段、茎环结构的注释。mtDNA 的组成分析软件主要有 MEGA5、DAMBE、Geneious、BioEdit 和 DNASTAR 等。

1.3 比较基因组学

随着 mtDNA 数据越来越多，再加上昆虫 mtDNA 本身在组成、排序等方面比较保守，比较基因组学（Comparative Genomics）逐渐成为对已知的基因和基因组进行分析的重要策略和方法。目前已有很多研究利用比较基因组学对昆虫 mtDNA 进行了相关分析。昆虫的比较基因组学主要包括以下几个方面。

（1）mtDNA 的结构。少数种类会出现某个基因拷贝数不同或者有两个控制区等特殊情况，最为特殊的是虱目的 mtDNA 由许多小环组成，其他都呈环状。

（2）tRNAs、rRNAs 二级结构。典型的 tRNA 二级结构是三叶草形，在某些物种中会出现三叶草茎环的缺失，比如一些昆虫中 $trnS^{AGN}$ 中的 DHU 臂配对不存在；rRNA 二级结构中存在非常规的碱基配对，也存在某些茎环结构的变异。

（3）线粒体碱基组成。碱基组成通常用 A+T 含量、碱基偏斜来表示。碱基组成异质性对基因组复制、转录等方面具有一定的影响，目前发现的昆虫中 A+T 含量最低的是蜉蝣目，最高的是膜翅目，全变态类昆虫的 A+T 含量通常高于其他昆虫。

（4）控制区。相比之下控制区变异最大，富含 AT，参与 mtDNA 的复制和转录，有记录的控制区最短的是 70 bp，最长的是甲虫类昆虫，达到 9 ~ 13 kb。长度的变异推测是由重复单元的数量及长度变异引起的。在直翅目 mtDNA 比较中发现部分物种控制区存在一些保守区域，但是并不是普遍存在的。

（5）基因重排。昆虫中最接近祖先 mtDNA 排列的物种是亚库巴果蝇 *Drosophila yakuba*。在进化过程中某些类群的基因位置、方向等发生重排，重排的类型主要包括移位（Translocation）、基因洗牌（Gene Shuffling）、倒置或原位倒置（Local Inversion）、异位倒置（Remote Inversion）。在昆虫中，目前已在 17 个目中发现有线粒体基因重排现象，即膜翅目、鳞翅目、双翅目、脉翅目、毛翅目、捻翅目、鞘翅目、缨翅目、半翅目、虱目、啮虫目、直翅目、弹尾目、石蛃目、原尾目、纺足目和革翅目。基因重排的机制主要有重组、tRNA 基因错误复制、复制随机或非随机丢失等。在直翅目蝗亚目中 KD 转位现象比较多，即 *trnK-trnD* 发生重排形成 *trnD-trnK* 排列方式，其余基因的排列顺序与典型节肢动物的完全基本相同，但在个别类群中也存在一些特殊的重排，比如，黄脸油葫芦（*Teleogryllus emma*）发生 tRNA 重排形成 *trnA-trnR-trnE-trnS-trnN-trnF* 排列方式，在螽亚目的 *Phyllomimus detersus* 中存在 *trnM-trnI-trnQ* 重排。在准新翅目（Paraneoptera）和全变态昆虫（Holometabola）中基因重排比较普遍。最为特殊的基因重排是虱目的线粒体基因组发生重排，例如人体虱（*Pediculus humanus*）中发现 18 个小环基因组。相比来说，螽亚目基因重排现象则比较频繁，一般认为 KD 可以作为区分螽亚目和蝗亚目的分子依据，但暗褐蝈螽 mtDNA 也发生了 KD 转位，基因排序虽然能为系统发生提供依据，但也只是在高级分类阶元的发生关系中起到一定的作用。此外，昆虫的比较基因组学还包括蛋白质编码基因、密码子使用、基因间隔区和重叠区等。

1.4 谱系基因组学

1.4.1 昆虫线粒体基因组系统发生

随着测序技术的不断发展，基因组水平的数据已经越来越多地应用于系统发生研究，基于进化模型从基因树构建物种树是谱系基因组学的核心。而目前昆虫 mtDNA 最广泛的用处就是作为系统发生分析的数据资源。迄今，超过 100 个出版物报道了使用 mtDNA 数据构建的昆虫系统发生，不同分析方法的有效性都得到广泛测试和应用，因此基于昆虫 mtDNA 的系统发生中涉及的问题也得到了比较好的研究。这些研究涉及范围广泛，从单物种系统地理学研究到种间、种内或类群间关系，几乎所有的昆虫种群的代表物种都被包括进来。但也存在一些问题，例如在研究方案中没有数据划分，没有讨论不同方法潜在的偏差等。

利用 mtDNA 数据进行谱系基因组学研究已经涉及很多昆虫类群，例如，Zhang 等（2016）使用 mtDNA 序列分析鞘翅目系统发生，认为鞘翅目各亚目间具有单系性。Wu 等（2016）基于 13 个线粒体蛋白质编码基因对鳞翅目 13 个亚科系统发生关系进行了推测。Song 等（2016）基于 37 个线粒体基因对蚜虫的系统发生关系进行探究，支持蚜科的单系性。Cheng 等（2016）利用线粒体蛋白质编码基因重建了蜚蠊目的系统发生关系。Amaral 等（2016）基于线粒体蛋白质编码基因对鞘翅目叩甲总科的系统发生关系进行了分析。Federico 等（2011）利用线粒体基因组对竹节虫目与其他类群之间的关系以及其发生分歧的时间进行了探讨。Zhao 等（2015）通过对盗猎椿亚科相关物种研究认为线粒体基因组对系统发生，种群遗传学等方面的研究具有影响。Dai 等（2016）通过线粒体基因组 13 个蛋白质编码基因构建系统发生树认为臭椿皮蛾（*Eligma narcissus*）是夜蛾科（Noctuidae）的成员。

直翅目作为昆虫中较大的一个类群，分为两个亚目：螽亚目（Ensifera）和蝗亚目（Caelifera）。目前，mtDNA 已经作为分子标记被广泛地应用于直翅目谱系基因组学分析，例如，吕红娟等（2012）利用 *COX1* 基因对直翅目主要类群系统发生关系进行了研究，认为癞蝗科应单独成为一科；白洁（2012）和崔爱明等（2012）分别基于线粒体 *ND2* 基因和 *rrnL* 基因对直翅目部分种类分子系统发生进行分析，也得到了同样的结论，白洁等也认为锥头蝗科与瘤锥蝗科亲缘关系较近。Zhou 等（2010）利用 mtDNA 对直翅目部分物种系统发生关系进行了探究。Sun 等（2010）利用 PCGs 构建了蝗亚目系统发生，认为锥头蝗总科与蝗总科是姐妹群。Yang 等（2016）基于 PCGs 和 rRNAs 的数据集对螽亚目的系统发生关系进行了探究。Zhang 等（2010）利用 *COX2* 编码基因对癞蝗科进行了系统发生分析，证实锯癞蝗亚科（Prionotropisinae）、埃背蝗亚科（Thrinchinae）、癞蝗亚科（Pamphaginae）具有单系性。Zhou 等（2014）利用 13 个 PCGs 和 2 个 rRNA 基因数据集对螽亚目中的四个总科之间的系统发生关系进行了探讨。Huo 等（2007）基于 44 个物种线粒体 *CYTB* 基因构建了系统发育树，结果不支持网翅蝗科的单系性。Song 等（2015）基于线粒体基因组数据和核基因数据对直翅目系统发生分析进行了讨论，并以此提出了基于 Otte 分类系统的最新的直翅目分类表。Zhou 等（2017）基于线粒体基因组对螽亚目的系统发生关系进行了分析，并对主要类群的分歧时间进行了估计，结果表明螽亚目大约出现在 255 万年前。Chang 等（2020）基于线粒体基因组数据对不同翅型直翅目昆虫的进化速率和选择压力进行了研究，结果发现进化速率和选择压力在不同运动能力的物种中存在差异。Huang 等（2023）基于线粒体基因组数据结合形态特征对斑腿蝗科内部的系统发生关系进行了探讨。

1.4.2 系统发生分析

1.4.2.1 不同的数据集对系统发生分析的影响

线粒体基因组划分不同的数据集对系统发生分析的影响是不同的。除了对单个物种进行群体水平的研究外，几乎所有研究都排除了控制区，剩余的 37 个基因在以前的研究中已被不同程度地使用。大多数研究包括 13 个 PCGs（约占基因序列的 75%），这是由于蛋白质编码基因为了维持功能的稳定性，大多比较保守，去除 PCGs 会影响系统发生关系的可靠性。碱基组成对密码子第三位点影响较深，可能会引起碱基替换饱和，对系统发生关系产生不利的影响，去掉密码子第三位点可能是有效处理这些问题的唯一方法。已有研究认为去掉密码子第三位点有利于改善目内系统发生关系，但也有研究认为排除密码子第三位点可能会导致人为错误，削弱系统发生信号的来源。这就需要在具体的系统发生分析中对包含或排除第三密码子位点进行重复的分析评估，来确定其对系统树拓扑结构或者节点支持度的影响。包括 2 个 rRNA（约占基因序列的 15%）和 22 个 tRNA（约占基因序列的 10%）基因的研究相对较少，这是由于它们受系统发生分析中各种参数的影响较大。但有研究将 rRNA 基因作为分子标记，用于不同阶元的系统发生研究。有研究认为包括 rRNA 和 tRNA 有利于改善节点间的分支支持度并使那些高度可变的分支变得稳固。

1.4.2.2 数据异质性

在理想情况下，缓慢演变的基因对深层的系统发生有利，而迅速进化的基因对新发生分歧的系统发生关系是必要的。但是大多数基因无法用单一的平均进化速率很好地表示，尤其是蛋白质编码基因和 RNA 基因不同位点间的速率变异很明显。快速进化位点对系统发生构建是非常具有挑战性的，因为它们所含有的系统发生信息少，主要是由于某些位点间的替换速率高并且多次发生（即多重替换），削弱真正的系统发生信号并误导系统发生的推断。基因间或者是不同密码子位点间替换速率的异质性违背了常用的核酸替换模型（*GTR*、*HKY85*、*F81* 等）。对于位点速率异质性问题可以通过不变位点模型和具有统一性 gamma 分布的 GTR 模型（广义时间可逆）来解决。应用最准确的模型将会减少系统出现错误的可能，然而，改进的模型可能不能完全适应位点速率异质性的问题，尤其是在真实的系统发生信号微弱或者没有系统发生信号时。有几种分析策略可以改善位点速率异质性对系统发生分析的影响。第一，标记和去除快速进化位点，使用更适合解释异质性的模型，例如，slowfast（SF）模型和观测可变（OV）排序模型。然而，可能难以估计与这些生物学实际模型相关联的大量参数。贝叶斯位点异质性混合模型（Bayesian site-heterogeneous mixture model）已经在一些研究中被成功应用，但是也不能够完全弥补异质性在昆虫线粒体基因组深层的系统发生关系上的影响。第二，使用诸如 RY 编码的策略或排除蛋白质编码基因第三个密码子位点。第三，增加分类群抽样，正确地推断在一个位点的多重替换。第四，适当的数据划分也可以对数据异质性起到改善作用，对不同的划分数据集进行各种模型和参数的联合或独立设置。

昆虫 mtDNA 不论是在类群间还是类群内都存在明显的碱基组成异质性（例如，A+T% 范围从白蚁的 64% 到蜂蜜中的 86.7%，在甲虫中为 65% ~ 78%），它对于系统发生分析的影响是因为目前所有的分析方法都是建立在替换形式相同的基础上，如果出现碱基组成异质性，则说明分类单元之间存在不同的替换形式，会引起系统发生分析的系统误差。主要原因是在远缘类群之间可能由于碱基组成异质性而具有比近缘类群更相似的碱基组成，在系统发生分析时就有可能远缘类群聚在一起，进而导致错误的分组，常用的进化模型一般都是假定各支系的碱基组成处于平衡状态，如果存在碱基组成异质性就违背了常用的核酸替换模型。因此需要对数据组成异质性进行分析。AliGROOVE 是由 Patrick Kück 等于 2014 年推出的可以对数据集进行异质性检验的软件，通过两两之间的对比来完成多重序列的比对，可以发现那些潜在的能够使系统发生重建及节点支持产生偏差的序列。如果存在碱基组成异质性，就需要使用异质性模型，比如基于 HKY85 模型 N2 模型、基于 T92 替换模型的异质性模型等。最新的进化模型例如异质性位点混合模型（Site-heterogeneous mixture model）建立了一些速率分类，每一个都是通过对经验（Empirical）数据的评估得到核酸或氨基酸序列不同的平衡速率。这些模型明显地减少了碱基组成异质性对系统发生分析的负面影响。

1.4.2.3 数据划分

选择适当的分子进化模型（模型选择）是系统发育的重要组成部分，可以影响系统发育树的准确性等。模型选择的最重要的方面之一是找到可以解释比对位点之间的替代过程变化的模型。这种变化可以包括进化速率、碱基频率和替代模式的差异，挑战是考虑在任何给定数据集中发现所有这样的变化。数据划分和将特定模型应用于不同划分数据集是分析由多种突变力形成的基因组的理想选择。大多数研究已经使用相对直观的划分方案，例如通过基因类型（PCG、rRNA、tRNA）、基因、密码子位置、编码基因所在的链等。合理地划分对研究更深的系统发育水平具有重要的影响。有研究认为不同的划分方案可以加强目间水平拓扑结构的节点支持，但在目内水平没有影响。Cameron 等（2007）发现数据划分会产生最好的系统发生结果，Fenn 等（2008）获得了同样的观点，但同时认为，过度划分线粒体基因组可能对系统发生分析不利。然而，没有一个明确的结论表明哪种分区方法是最好的，并且很难证明特定数据集的某一分区策略的优劣，但一般认为最佳分区策略需要依赖更广泛的分类标准和对更多的类群进行调查，然后才能充分评估其意义。

目前同时选择划分方案和替代模型的方法——PartitionFinder。该软件是由Lanfear等（2012）开发的，可以通过统计比较任何给定的序列数据，给出多个分区方案和选择最佳拟合方案。可能的分区方案的数量遵循贝尔数的关系（Bell, 1934），对于线粒体基因组数据，如果将37个基因作为单独分区处理，这个数字将是 $B_{37} = 5.28\times10^{31}$，如果蛋白质编码基因被密码子位置进一步分开可以增加到 $B_{63} = 8.25\times10^{63}$，因此可能的分区方案的数量会增加很多，计算量也会随之增加。PartitionFinder在昆虫线粒体基因组中的应用与传统使用的划分不同，不同的划分方案导致一定的拓扑差异。在用PatitionFinder对线粒体基因组数据集进行数据划分时，对于rRNA及tRNA基因可以按照基因直接进行划分，而对于蛋白质编码基因则有两种划分方式，一是按照密码子位点，即将13个PCGs按密码子1、2、3位划分为39个分区；二是直接按基因分为13个分区。

数据划分中最大的挑战是将比对分成多组位点来解释分子进化模式，同时避免过参数化或参数不足。通常都是先人工选定数据集再进行数据划分，对于较小数据集，可以使用软件PartitionFinder中启发式搜索算法自动实现数据划分优化步骤。然而，最近DNA测序成本的降低意味着包含数百或数千个基因的非常大基因组数据集变得越来越常规，目前的方法在计算上不足以优化这些数据集的划分方案，例如，在PartitionFinder中如果要估算1 000个蛋白质编码基因比对序列的最佳划分方案，就必须分析近900万个位点的子集，这远远超出实用性的界限。所以对于大的数据集仍没有方法来为系统发育找到最有效的划分方案。但PartitionFinder仍然是现有的研究中应用最多的，例如有研究通过对蝗亚目（Caelifera）中8个总科涉及11个科的部分或完整的线粒体基因组序列，使用PartitionFinder进行数据划分，并对大量的数据划分方案进行了比较，发现PartitionFinder选择的最佳拟合划分方案优于通常用于线粒体系统发生的任何先验方案。

另外还有一些其他的数据划分方法。例如Li等（2008）提出的层次聚类方法分层聚类（Hierarchical clustering）并对其进行了测试，首先通过对72种辐鳍鱼纲物种的10个核基因编码的蛋白质基因数据集的分子进化参数（例如基本频率和分子进化速率）进行了估计，然后基于估计的参数将具有相似性的数据划分为一个数据集。Lanfear等认为这种方法仅主要应用在单个基因数据集的数据划分，没有PartitionFinder的启发式算法的效果好。但也有研究认为分层聚类比

PartitionFinder 计算效率高，例如，对于 1 000 个蛋白质编码基因，分层聚类方法仅需要分析 1 999 个位点的子集，这比现有方法更有效 3 个数量级以上。但是分层聚类具有一个不可忽视的缺点就是通常对每个数据集划分之前都需要四个参数：①该数据集的总体替换率的参数（通常称为速率乘数）；②核苷酸彼此替换的相对速率（例如，称为广义时间可逆（GTR）模型的 6 个参数，称为速率矩阵）的一个或多个参数；③数据集中的核苷酸或氨基酸的比例（碱基或氨基酸频率）的参数；④位点之间的替换率分布（不变位点的比例和 / 或描述 γ 分布的 α 参数）的一个或两个参数。原则上，可以使用这些参数的任何组合来定义数据集相似性。然而，不同的研究使用不同的参数组合，并没有在估计数据划分方案时给不同数据集一个统一的标准，在执行起来没有 PartitionFinder 简单。尽管如此，分层聚类和基于分层聚类的相关方法（例如 k-means clustering）已经用于对各种大小的数据集划分方案的相关研究中。Robert 等（2014）开发了两种估计大型系统发生数据集的最佳拟合划分方案：严格和宽松的分层聚类（Strict and relaxed hierarchical clustering），通过与之前的数据划分方法进行比较，认为严格分层聚类对于大型数据集具有最好的计算效率，而宽松分层聚类在利用通用评估标准如 AIC 和 BIC 进行评估时能够提供比较好的划分方案。这些方法将会改善对大型系统发生数据集数据划分策略。但是 Robert 等的研究是基于数据划分中的每一个子集都具有独立的分子进化模型来进行的，这也是 RAxML 软件之前的版本中可用的唯一分区模型，但是最新的 RAxML 版本允许不同的子集与任何数量的其他子集共享任何数量的参数，这大大增加了可能的分区方案的数量，并且能够对异型（Heterotachy）的复杂模型进行估计。因此，这种方法可能对目前可以使用 PartitionFinder 估计的分区模型进行进一步的改善。然而，在这些可能的分区模型之间搜索并且估计任何给定数据集的最优模型仍然是未解决的问题。

1.4.3 系统发生分析方法

系统发生分析的数据一般是自己实验室测定的核酸或者蛋白质序列数据库。由于比对对象比较多样（包括 DNA、RNA、蛋白质、氨基酸和基因组等），比对算法和软件也有很多，常用的有 ClustalX、MEGA、Geneious、MAFFT、MUSCLE、ProAlign 等。对于蛋白质编码基因，如果要使用氨基酸序列进行系统发生分析，比对时先翻译成氨基酸再进行比对即可，如果使用核酸序列则要在将比对好氨基酸序列的基础上将结果转换到核酸序列；对于 RNA 基因则可直接进行核酸序列的比对。将比对好的序列联合成数据集，再对系统发生信号进行评估，包括数据组成特点、进化速率与碱基替换饱和、序列组成异质性等，这里用到的软件主要有 MEGA、DAMBE、AliGROOVE、ASaturA 等。而模型选择建立在对数据集系统发生信号评估的基础上，对于系统发生推断具有至关重要的作用，不合适的模型或者缺乏模型会影响后续的分析。目前模型选择方法有似然率检验、AIC 信息标准、贝叶斯因子（BIC 标准）等。之前很多研究都是人为地进行相对直观的数据集划分方案，选择的模型也相对比较单一，通常一个数据集只有一个统一的模型，常用的软件有 jModelTest、ProtTest 等。最近几年随着数据划分方法的增加，以及 PartitionFinder 的广泛应用，可以根据一个数据集中不同的基因和位点给出不同的进化模型。

构建系统发生树的方法主要有以下几种。

（1）距离矩阵法（Distance matrix method），又包括 UPGMA 法（Unweighted pair-group method with arithmetic mean，未加权配对算术平均法）、邻接法（Neighbor-joining，NJ）、最小进化法（Minimum evolution，ME）等。距离矩阵法建树软件有 DAMBE、MEGA、Phylip、PAUP* 等，这种方法目前已经很少使用于正式的系统发生分析，而是作为其他方法的初始树或者对大型数据集进行分析。

（2）最大简约法（Maximum parsimony，MP），常用软件有 MEGA、PAUP*、PHYLIP 等。该方法不需要将原始数据转换为距离数据，也对序列进化的假说有较少的依靠，但只适用于具有近缘关系的类群和序列之间的分析，不能很好地将碱基组成频率的信息考虑进去，目前应用越来越少。

（3）最大似然法（Maximum likelihood，ML），常用的软件有 IQ-TREE、RAxML、PhyML 等。该方法对于进化过程有明确的模型假设，可以根据特定的基因选择最适合的模型，是一种较成熟的参数估计的统计学方法，目前应用得非常广泛，但也存在计算量大、进化模型不能准确反映序列进化的真实情况等不足。

（4）贝叶斯推论法（Bayesian inference，BI），常用的软件有 MrBayes、PhyloBayes、BEAST 等。该方法可以根据多种分子进化模型，利用马尔可夫链蒙特卡罗方法（MCMC）产生所有参数的后验概率的估计值，包括拓扑结构、分支长度、进化模型各参数的估计，可以分析很大的数据集，不需要进行自举检验，应用范围广泛，可以处理复杂的接近实际情况的进化模型，目前应用得也是非常的广泛；同样存在运行时间长、对进化模型比较敏感等不足。相对于真实的进化历程，用系统发生分析的数据是非常少的，所以即使能够重建部分物种的系统发生，也会在树的分支长度和拓扑结构上存在偏差，任何建树方法都不能例外。再加上分类单元的抽样、进化模型的选择、替换速率的变异、碱基组成异质性、外群及树的赋根等因素都会对系统发生分析的可靠性产生影响，所以在具体研究中利用不同方法构建系统发生关系，并对其进行检验，例如KH检验、SH检验、PTP检验、参数自举法、PBS检验等，来验证所得到的系统树的可靠性和准确性。

1.5 直翅目系统发生中存在的问题

直翅目是昆虫纲较大的类群，线粒体基因组在确定直翅目昆虫系统发生和进化关系方面发挥了积极作用，但目前对于直翅目线粒体基因组在系统发生分析中的研究也存在一些不足。首先，直翅目不同分类阶元、不同谱系已测得线粒体基因组数据的物种数目存在较大差异，系统发生分析存在抽样偏差。两个亚目之间，螽亚目获得线粒体基因组序列的物种要明显少于蝗亚目，已有的研究也较多集中在蝗总科内部各科以及科以下的分类阶元，对其他总科的研究比较少。在总科水平上，蟋蟀总科、螽斯总科和蝗总科有相对较多的线粒体基因组数据可供使用，但是其他总科可供选择的数据则相对较少，裂跗螽总科、长角蝗总科和牛蝗总科只有一个物种的线粒体基因组被测定。在科级水平，抽样不均衡现象更加明显。各阶元可用的线粒体基因组数据在数量上的差异不利于构建准确的直翅目系统发生关系，因此需要扩大采样范围，对更多直翅目物种的线粒体基因组序列进行测定，尤其是那些测序较少的类群。其次，存在分子系统发生学研究与传统形态学研究结果不一致的情况。不同的分类系统之间也存在一定的争议，例如蝗亚目常用的中国夏氏分类系统与国外的Otte分类系统在一些物种的归属问题、分类阶元的安排、各科单系性以及科间的系统发生关系等问题，都有待进一步的分析讨论。昆虫线粒体基因组被测定的数量迅速增加，其线粒体基因组特征与进化规律愈趋明显，能够为系统发生研究等方面的研究提供越来越多的数据。

第 2 章　线粒体基因组组装与注释

2.1　总 DNA 的提取及质量检测

总 DNA 的提取方法有多种都能应用在直翅目昆虫的 DNA 提取中，本节内容将对几种比较常见的方法进行简单的介绍。

2.1.1　试剂盒法

DNA 抽提试剂盒可利用裂解细胞释放出核酸，然后以特异性结合 DNA 的离心吸附柱吸附 DNA，通过特殊的漂洗液除去余留的蛋白质和盐分，然后通过洗脱得到高纯度的 DNA。

以 DNeasy Blood and Tissue Kit(50)-QIAGEN 69504 试剂盒进行总 DNA 提取为例，试剂盒提取步骤主要有：

（1）取 25 mg 样本后足股节肌肉组织，放入 1.5 mL 离心管中，先加入 80 μL 的 Buffer ATL，将组织用剪刀剪碎，并用研磨棒研磨充分以后再加入 100 μL 的 Buffer ATL。

（2）加入 20 μL 试剂盒自带的蛋白酶 K，涡旋振荡（5 ~ 10 s），在 56 ℃水浴锅中水浴消化 2 ~ 3 h，偶尔间断地拿出振荡。

（3）涡旋振荡 15 s，加入 200 μL 的 Buffer AL，涡旋充分混匀。加入 200 μL 的无水乙醇，涡旋充分混匀（样品多时可将 AL 和无水乙醇预混以节省时间）。

（4）转移步骤 3 中的所有混合液至 DNeasy Mini spin 离心柱中，柱子放在 2 mL 的收集管上，8 000 r/min 离心 1 min，弃收集管 / 液。

（5）将离心柱放在一个新的 2 mL 的收集管上，加 500 μL 缓冲液 AW1，8 000 r/min 离心 1 min，弃收集管 / 液。

（6）将离心柱放在一个新的 2 mL 的收集管上，加 500 μL 缓冲液 AW2，8 000 r/min 离心 1 min，弃收集管 / 液。

（7）将离心柱放在一个新的 1.5 或 2 mL 的离心管上，加 200 μL 的缓冲液 AE 在离心柱的吸附膜上，室温静置 1 min，8 000 r/min 离心 1 min。

（8）为增大 DNA 产量，从离心管中吸取溶液加入离心柱中，重复步骤 7，反复洗脱。

注意事项：

（1）样本从无水乙醇中取出后，用双蒸水冲洗干净，并用滤纸吸干水。

（2）一般挑取的肌肉组织在 1 ~ 3 mm^3 比较合适，挑取过多可能导致消化不全。

（3）每更换一个样本都需要取新的没有用过的剪刀、镊子、研磨棒，样本间不能混用。

（4）第 4 步中也可以提前将 Buffer AL 和无水乙醇预混以节约时间。

（5）ATL 缓冲液和 AL 缓冲液储存后可能会有沉淀出现，可以在 56℃水浴直至沉淀溶解。

（6）AW1 缓冲液和 AW2 缓冲液在使用之前一定要按照瓶身上的要求加入一定量的无水乙醇。

（7）提取完成后，为了确保所提取的 DNA 的质量，要用微量核酸 / 蛋白分析仪分别检测每个样本总 DNA 的浓度（ng/mL）和纯度（OD260/OD280），一般 OD 值在 1.8 左右，说明提取质量比较好。

2.1.2　Chelex-100 和蛋白酶 K 法

Chelex-100（BioRad）是一种螯合树脂，可以直接用于总 DNA 的提取。Chelex-100 与标准提取法相比，在 DNA 产率上有所降低。为了提高 DNA 的产率，标本经过蛋白酶 K 消化后，加入 Chelex-100 煮沸代替酚氯仿抽提去除蛋白质及其他杂质，冷却后离心所得上清液可直接用作 PCR 的模板，在蛋白酶 K 消化过程中加入巯基乙醇或 DDT 可以增加 DNA 得率。

利用 Chelex-100 和蛋白酶 K 提取总 DNA 的主要步骤如下：

（1）将 0.05 g 的 Chelex-100 加入 1 mL 灭过菌的 ddH_2O 中，配制成 5% 的 Chelex-100 溶液备用。

（2）取 25 mg 样本后足股节肌肉组织，放入 1.5 mL 离心管中，加入 100 μL 的 Chelex-100 溶液，将组织用剪刀剪碎。

（3）加入 4 μL 的蛋白酶 K，涡旋振荡（10 ~ 30 s），并离心（8 000 r/min，1 min）。

（4）将样品于 56℃水浴锅中水浴裂解 4 ~ 6 h，然后 95℃水浴 3 min。

（5）14 000 r/min 离心 3 min，取上清液作为 DNA 模板。

注意事项：

（1）吸取 Chelex-100 溶液时需要用剪刀将枪头尖部减去少许，以免无法吸取足量的树脂颗粒。

（2）5% 的 Chelex-100 溶液需要现用现配，久存的 Chelex-100 溶液会降低 DNA 提取的质量。

（3）酒精浸泡的样本肌肉组织需要将酒精吸干后再进行剪碎，否则会降低 DNA 提取质量。

2.1.3　酚氯仿抽提法

酚氯仿抽提法于 1976 年由 Blin 等建立，该研究方法是利用 EDTA 和 SDS 对细胞进行裂解，经蛋白酶 K 消化处理后用三羟甲基氨基甲烷饱和液（pH 值为 8.0）反复抽提 DNA 达到目标纯度后，对其进行透析或沉淀处理以期获得目标 DNA，后来发展改用提取纯化 DNA。本研究基因组 DNA 的提取方法根据印红等的提取方法进行改良，具体方法如下所述。

（1）水浴消化：预处理只对肌肉组织进行浸泡，预处理结束以后把组织转移到新的离心管，先加入 150 μL 消化液把组织剪碎，然后再加入 100 μL 消化液，这里可以冲洗一下剪刀。将离心管置于 55℃水浴锅中 8 ~ 12 h，其间混匀几次，以加速消化过程，直至混合液消化清澈。

（2）抽提 DNA：加入 250 μL 酚氯仿混合液（体积之比为 25 : 24 : 1）于反应混合液中，混匀使蛋白质充分变性，但不可剧烈振荡，离心 10 min（4℃，10 000 r/min）后吸取上清液（500 μL）转移至无菌离心管中。

（3）沉淀 DNA：加入 1 000 μL 冰无水乙醇（−20℃储存备用）和 50 μL 3 mol/L NaAc（pH 值为 5.2）于上清液中，−20℃下沉淀 2 h，离心 10 min（4℃，12 000 r/min），弃上清液。

（4）洗涤 DNA：在离心管中加入 1 mL 70%的冰乙醇，离心 10 min（4℃，10 000 r/min），弃上清液。

（5）风干 DNA：将离心管开盖置于室温下自然风干 3 h 挥发乙醇。

（6）储存 DNA：待乙醇挥发干净后加入 50 μL 无菌水（pH 值为 8.0）溶解，−20 ℃储存备用。

主要试剂制备方法如下所述。

（1）消化液制备：A 液、B 液、C 液的体积比为 8∶1∶1。

A 液：分别称取 Tris-HCl 0.060 57 g，氯化钠 0.058 g。EDTA 0.372 24 g 加无菌水定容至 10 mL，调 pH 值为 7.0～8.0。

B 液：称取 0.062 5 g SDS 用无菌水定容至 1.25 mL。

C 液：20 mg/mL 蛋白酶 K 125 μL 定容至 1.25 mL。

（2）酚氯仿饱和溶液：饱和酚、氯仿、异戊醇的体积比为 25∶24∶1。

（3）70% 乙醇：量取 95% 乙醇 73.7 mL 加纯水定容至 100 mL。

2.1.4 CTAB 法

CTAB 法的机理是利用 CTAB 在低盐溶液中能和核酸结合形成沉淀，在高盐溶液中具有可分离特性来进行 DNA 提取。此法开始用于植物 DNA 提取，后来与其他方法结合来提取动物基因组。Nie 等（2008）发明的 SDS-CTAB 结合法是一个典型的代表。利用高浓度盐离子和 SDS 除去蛋白和多糖，然后用低浓度盐离子和 CTAB 进一步纯化 DNA。改进后的 SDS-CTAB 法提取的 DNA，具有纯度高、无蛋白质和 RNA 污染的优点。

具体步骤如下所述。

（1）取三份肉丝放入三个灭菌完成的 1.5 mL 离心管中，分别加入 100 μL 2 × CTAB 缓冲液将样品剪碎并充分研磨，再用 300 μL 2 × CTAB 缓冲液冲洗剪刀和研磨样，加入 4 μL 20 mg/mL 蛋白酶 K，58 ℃水浴 8～12 h，其间轻摇数次。

（2）12 000 r/min 离心 20 s，取出上清液并保留，其余再加入 100 μL 2 × CTAB 缓冲液和 1 μL 20 mg/mL 蛋白酶 K，轻摇混匀，58℃水浴 30 min。

（3）加入 500 μL 的 CI（氯仿、异戊醇的体积比为 24∶1）抽提，轻摇 5 min，1 000 r/min 离心 10 min。取上清液，并重复此步骤。

（4）加入 1 000 μL 预冷的无水乙醇，−20 ℃静置 30 min 以上，12 000 r/min 离心 10 min，弃上清液。

（5）加入 1 000 μL 预冷的 70% 乙醇洗涤 DNA，10 000 r/min 离心 10 min，弃上清液，真空干燥 20 min 以上，加入 50 μL TE 缓冲液于 −20 ℃保存备用。

CTAB 缓冲液的配置及使用注意事项：

分别取 0.1 mol/L 的三（羟甲基）氨基甲烷盐酸盐 1.576 g，1.4 mol/L 的氯化钠 8.12 g，0.02 mol/L 乙二胺四乙酸二钠，二水合物 0.744 88 g，0.05 mol/L 的 CTAB 1.821 8 g，加双蒸水定容至 99.8 mL，用氢氧化钠调 pH 值为 8.0 灭菌。待

灭菌结束加入 0.2 % β- 巯基乙醇 0.2 μL。配制过程中是异戊醇加入氯仿中，保存在棕色瓶中避光。

CTAB 缓冲液若未在灭菌后立马使用，则需放在 4℃保存，且在使用前需 50℃水浴使其溶解。

2.1.5　DNA 质量检测

DNA 提取完成后，为了确保所提取的 DNA 的质量，要用微量核酸 / 蛋白分析仪分别检测每个样本总 DNA 的浓度（ng/mL）和纯度（OD260/OD280），一般 OD 值在 1.8 左右，说明提取质量比较好，可以用于后续 PCR 扩增和测序。

2.2　基于 PCR 扩增和一代测序的 mtDNA 测定方法

2.2.1　PCR 扩增及一代测序

2.2.1.1　线粒体基因组 L-PCR 引物设计与扩增

线粒体基因组序列测定的策略是根据实验室已有的直翅目昆虫的通用引物序列以及这些引物扩增的片段所覆盖的位置（引物序列以及位置等信息相关信息详见刘念、丁方美等的相关文献），根据这些引物先大致将整个线粒体环打断为 6 个片段，每段 3 000 ~ 4 500 bp，这 6 个互相重叠的长片段通过六对引物来进行扩增，6 个长片段可以覆盖整个长度大约为 16 000 bp 的线粒体环（表 2-1）。扩出长 PCR 产物全部先用 0.8% 的琼脂糖凝胶和 DL5000 的 Marker 进行检测，将条带单一并且长度符合的产物切胶后，使用 GenStar 琼脂糖凝胶回收试剂盒进行纯化回收，作为 Sub-PCR 的模板备用。

表 2-1　L-PCR 使用的引物序列

引物位置	引物名称	引物序列（5′-3′）
片段 1 上游	LP03	CATTTATTTTGATTYTTTGGWCAYCCAGAAGT
片段 1 下游	R05	CAGTAATACGCCTCTYTTTG
片段 2 上游	F04	AATGTTATTCGGCCWGGRAC
片段 2 下游	R23	TCACCTCAACCAWAATCAA
片段 3 上游	F24	CCAGCAGTAACWARAGTRGA
片段 3 下游	LP04	AAAATWGCRTAWGCAAATARAAAATATCAT
片段 4 上游	F08	AGTACACATTTGCCGAGACG

续表

引物位置	引物名称	引物序列（5′-3′）
片段 4 下游	R14	CGGTATTTYATTCCATTCAGAG
片段 5 上游	F29	TTTAWTTTADAGCTTATCCC
片段 5 下游	R02	GGGTCAAAGAATGAWGTATT
片段 6 上游	F13	GCGGCTGCTGGCACGAAA
片段 6 下游	LP06	TGATTAGCTCCACAAATTCTGAACATTGACC

注：简并位点说明，A，G = R；G，A，T = D；A，T = W；A，C = M；A，T，C = H；C，T = Y。

L-PCR 反应的操作过程全部都在冰上进行，为了避免 *Taq* 聚合酶活性受到影响，在构建反应体系时最后添加 *Taq* 聚合酶，并且整个操作过程要迅速而准确（图 2-1）。L-PCR 采用 TaKaRa LA *Taq*TM 聚合酶，能够完成较长片段的扩增。

L-PCR 的反应体系 25 μL：
- 10 μL 10×LA PCR BUFFER II(Mg+Plus)
- 2.5 μL dNTP Mixture (2.5mmol/L)
- 11.25 μL ddH_2O
- 1 μL 总 DNA 模板 (约 50 ng/μL)
- 2.5 μL 上游引物 (10 μmol/L)
- 2.5 μL 下游引物 (10 μmol/L)
- 0.25 μL TaKaRa LA *Taq* (5 U/μL)

L-PCR 的反应程序：
- 预变性：93℃ 2 min
- 循环 1：(92℃ 10 s，52.5℃ 30 s，68℃ 8 min) ×20 cycles
- 循环 2：(92℃ 10 s，52.5℃ 30 s，68℃ 8 min + 20 s)×20 cycles
- 最后延伸：72℃ 7 min
- 结束：4℃

图 2-1　L-PCR 的反应体系和反应程序

2.2.1.2　线粒体基因组 Sub-PCR 引物设计、扩增和测序

Sub-PCR 的引物也是先参考本实验室已有的直翅目昆虫的通用引物序列以及这些引物扩增的片段所覆盖的定位，共用到 26 对引物，每对引物扩增的长度是 400 ~ 1 500 bp 不等。由于不同物种线粒体基因组中间存在一些特异性的碱基组成或者特殊空间结构，可能有些物种的某个片段尝试多次后仍无法扩增出，再

参照 Simon 等 1994 年和 2006 年发表的昆虫线粒体通用引物序列，在相应的位置选择对应的引物进行扩增。对于仍旧无法扩增出的片段，根据已经测出的序列以及 NCBI 中相关物种的线粒体基因组序列或者部分序列对应位置的序列信息，利用软件 Primer Premier 5 进行引物的设计及评估，设计好的引物合成并进行 Sub-PCR。

经过多次尝试总结出一套比较适用于 Sub-PCR 的反应体系和反应程序如图 2-2 所示。Sub-PCR 反应的操作步骤与 L-PCR 相同。Sub-PCR 反应大部分片段采用 2×*Taq* PCR StarMix with Loading Dye（Lot#5AJ03）完成扩增，反应体系见图 2-2 中 Sub-PCR 的反应体系（A），对于控制区 AT 含量丰富不容易扩增的片段，采用 TaKaRa Premix *Taq*（LA *Taq* Version 2.0 plus dye）完成扩增，反应体系见图 2-2 中 Sub-PCR 的反应体系（B）。这两种 Sub-PCR 的反应体系所用的反应程序都是一样的。

Sub-PCR 的反应体系 40 μL (A)

- 14 μL ddH_2O
- 2 μL 总 DNA 模板 (约 50 ng/μL)
- 2 μL 上游引物 (10 μmol/L)
- 2 μL 下游引物 (10 μmol/L)
- 20 μL 2×*Taq* PCR StarMix

Sub-PCR 的反应体系 50 μL (B)

- 18 μL ddH_2O
- 2 μL 总 DNA 模板 (约 50 ng/μL)
- 2.5 μL 上游引物 (10 μmol/L)
- 2.5 μL 下游引物 (10 μmol/L)
- 25 μL Premix *Taq* LA *Taq*

Sub-PCR 的反应程序

- 预变性：96℃ 2 min
- 循环：(96℃ 10 s，51.5℃ 35 s，60℃ 4 min) ×35 cycles
- 最后延伸：72℃ 7 min
- 结束：4℃

图 2-2 Sub-PCR 的反应体系和反应程序

扩增出的 Sub-PCR 的反应产物取 1 ~ 2 μL 先用 1% 的琼脂糖凝胶和 DL2000 的 Marker 进行检测，条带单一并且长度符合的由华大基因采用 3730 DNA 测序平台完成测通，3730 XL 测序仪测序连续读长（QV20）为 800 ~ 1 100 bp，有较高的单碱基可信度。对于一些顽固的扩增出来但是无法完成测序或测序结果不理想的个别片段，则交由上海生工采用 TA（TA cloning）克隆技术和 pUCm-T 载体进行克隆测序。直到所有测序的全部片段覆盖整个线粒体基因组。

2.2.2 序列的拼接

DNA 一代测序反馈的结果为 .ab1 格式的峰图文件，每个片段都有正反两个方向的两个峰图文件。线粒体基因组得到的片段较多，需要将每一个片段的两个峰图文件进行单独的拼接，拼接软件用的是 Standen package 软件包中的 Pregap4 软件，拼接成功后输出一致序列。每一个片段的一致序列都要利用 NCBI 中的 Blastn 在线进行序列相似性的比对搜索，以确保每一条片段都是所需要的蝗虫线粒体基因组序列。然后将每个物种所有线粒体基因组片段的峰图文件全部拼接到一起，得到最终的一致序列，在确认为正向之后，将其保存为 .fasta 格式以备注释。

因为完整的线粒体基因组是环状结构，所以在环状的接口处会有一段重复序列，在生成一致序列时软件显示的是一条直线，拼接软件 Pregap4 默认在拼接较为薄弱的地方断开。这就需要在断开处进行去重复，方法是找出拼接时最前端的一条或几条的测序峰图和最后端的一条或几条的测序峰图，然后进行单独的拼接，根据拼接结果找出最前端的序列和最后端的序列重叠的地方即为重复的区域，将重复区域的序列确定下来之后，在完整的全线粒体基因组的一致序列的最前端或最后端找出重复的序列，删除即可。

每个物种的一致序列断开的位置是不同的，生成一致序列在完成去重复之后的第一个碱基不一定就是线粒体基因组序列的第一个碱基，需要确定起始碱基，也就是调零。以相近物种的 mtDNA 作为参考序列，将一致序列和参考序列输入 Standen package 软件包中的 Spin v1.3 软件进行比对。根据比对结果调整一致序列也就是待注释序列的碱基顺序，直到带注释序列与参考序列的第一位完全对齐，完成调零。

2.3 基于高通量测序的 mtDNA 测定方法

2.3.1 高通量测序

将合格的 DNA 样本交由生物公司进行高通量测序，基于 Illumina HiSeq 2500 测序平台，构建 350 bp 的小片段文库，利用双端测序方法（150 bp PE）进行建库测序。

2.3.2 序列的组装

基于高通量测序（WGS）数据组装线粒体基因组的方法有很多，主要基于 Linux 操作系统来完成。其原理是根据同源比对的研究方法，将 WGS 数据映射到近缘物种的线粒体基因组上，再根据线粒体 reads 间相互重叠的情况，从而完成序列的延长（图 2-3）。这种方法较容易获取和参考基因组一致的序列（Consensus Sequence），并且准确性高、运算速度较快、不耗计算资源。

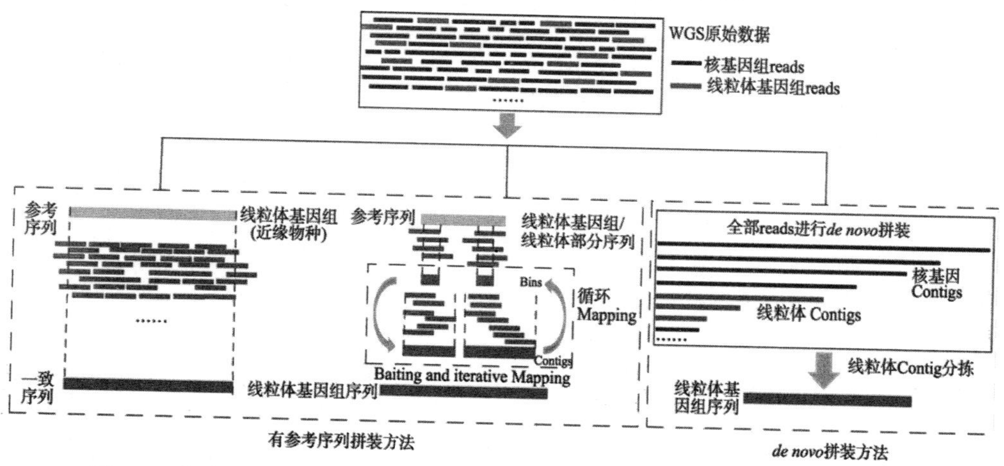

图 2-3　从总 DNA 测序数据中获得及拼装线粒体基因组策略（匡卫民，2019）

截至目前，围绕从基因组二代测序数据中提取线粒体序列已经出现了非常多的流程 / 软件，有些只提取特定目标基因片段，有些则是预期提取完整的线粒体基因组。这些流程（软件）可根据使用算法、策略等的不同来区分。总的来说，所有相关类型软件都可以根据是否由人工提供种子序列来区分（表 2-2）。由于可用的软件众多，接下来将对作者较为常用的软件进行简单的介绍。

2.3.2.1　基于 MitoZ 的组装方法

MitoZ 的运行需要特殊的环境，如 python3，因此首先创建一个独立的环境，这里使用的 Anaconda。

（1）第一步，安装 Anaconda3：需要首先下载 Anaconda3-2019.07-Linux-x86_64.sh 软件包（https://www.anaconda.com/distribution/），启动 Xshell 终端，输入命令 md5sum /path/filename 或 sha256sum /path/filename，注意 /path/filename 替换为文件的实际下载路径和文件名，其中，path 是路径，filename 为文件名。输入 $bash ~/Downloads/Anaconda3-2019.07-Linux-x86_64.sh 开始安装，并依据提示完成安装。

表 2-2 部分线粒体基因组组装软件（匡卫民，2019）

软件名称	是否需要参考序列 / 参考序列类型	适用物种	输入文件格式、类型	变异注释	结构可视化	运行环境	编程语言	软件网址
MIA	是 / 自定义参考序列	任意物种	Fastq、SE reads 和 PE reads	×	×	CUI	C/C++	https://github.com/mpieva/mapping-iterative-assembler
MitoBam-Annotator	是 / rCRS	人	Bam	√	√	Web	Java	https://bioinfo.bgu.ac.il/bsu/software/MITO-BAM
MitoSeek	是 /rCRS 和 hg19	人	Bam	√	×	GUI	Perl	https://github.com/riverlee/MitoSeek
mtDNA- profiler	是 /rCRS	人	Fasta	×	√	Web	Java	https://mtprofiler.yonsei.ac.kr
MITObim	是 / 自定义参考序列	任意物种	Bam	×	×	CUI	Perl	https://github.com/chrishah/MITObim
Mit-o-matic	是 /rCRS	人	Fastq、SE reads 和 PE reads	√	√	Web/GUI	Java	https://genome.igib.res.in/mitomatic
MToolBox	是 /rCRS 和 RSRS	人	Fastq/Bam/Sam、SE reads 和 PE reads	√	×	Web/CUI	Python	https://sourceforge.net/projects/mtoolbox
ARC	是 / 自定义参考序列	任意物种	Fastq、SE reads 和 PE reads	×	×	Web/CUI	Python	https://github.com/ibest/ARC
Phy-Mer	是 / 自定义参考序列	任意物种	Fasta/fastq/Bam、SE reads 和 PE reads	×	√	CUI	Python	https://github.com/danielnavarrogomez/phy-mer
mtDNA- Server	是 /rCRS 和 RSRS	人	Fastq/Bam/VCF、SE reads 和 PE reads	√	√	Web	Java	https://mtdna-server.uibk.ac.at

续表

软件名称	是否需要参考序列 / 参考序列类型	适用物种	输入文件格式、类型	变异注释	结构可视化	运行环境	编程语言	软件网址
IOGA	是 / 自定义参考序列	任意物种	Fastq、SE reads 和 PE reads	×	×	CUI	Python	https://github.com/holmrenser/IOGA
NOVOPlasty	是 / 自定义参考序列	任意物种	Fastq/fasta、SE reads 和 PE reads	×	×	Web/CUI	Perl	https://github.com/ndierckx/NOVOPlasty
Norgal	否	任意物种	Fastq、SE reads 和 PE reads	×	×	CUI	Python/Java	https://bitbucket.org/kosaidtu/norgal
Organelle- PBA	是 / 自定义参考序列	任意物种	PacBio reads	×	×	CUI	Perl	https://github.com/aubombarely/Organelle_PBA
MitoSuite	是 /rCRS、RSRS、hg19、GRCh37 和 38	人	Bam/Sam	√	√	GUI	Python	https://mitosuite.com
ORG.Asm	是 / 自定义参考序列	任意物种	Fastq、SE reads 和 PE reads	×	×	CUI	Python	https://git.metabarcoding.org/org-asm/org-asm
MitoZ	否	任意物种	Fastq、SE reads 和 PE reads	√	√	CUI	Python	https://github.com/linzhi2013/MitoZ
GetOrganelle	是 / 自定义参考序列	任意物种	Fastq、SE reads 和 PE reads	×	×	CUI	Python	https://github.com/Kinggerm/GetOrganelle
Trimitomics	是 / 自定义参考序列	任意物种	RNA-seq reads、PE reads	×	×	—	—	—

（2）第二步，创建 mitozEnv 运行环境：

设置通道（channels），利用 conda config --show channels 查看已有通道，利用下列命令添加通道：

$conda config --add channels bioconda/label/cf201901

$conda config --add channels conda-forge/label/cf201901

再次查看通道并确保有且只有三个通道：conda-forge，bioconda，defaults。注意如在创建 mitozEnv 运行环境时出现错误，可尝试将已有的 conda-forge 和 bioconda 通道删除并添加新的通道，先运行 conda clean -a 命令，移除已有通道，例如 conda config --remove channels bioconda，并尝试添加新的 conda-forge 和 bioconda 通道（详情见 https://github.com/linzhi2013/MitoZ/blob/master/version_2.4-alpha/INSTALL.md）。

创建 mitozEnv 运行环境：$conda create -n mitozEnv libgd=2.2.4 python=3.6.0 biopython=1.69 ete3=3.0.0b35 perl-list-moreutils perl-params-validate perl-clone circos=0.69 perl-bioperl blast=2.2.31 hmmer=3.1b2 bwa=0.7.12 samtools=1.3.1 infernal=1.1.1 tbl2asn openjdk。

（3）第三步，激活 / 进入 mitozEnv 环境：运行命令 source activate mitozEnv 或 conda activate mitozEnv 即可。

（4）第四步，安装 ete3 软件包需要的 NCBI 分类数据库：在终端输入 python3，点击 Enter，进入 python 的交互界面，并逐行运行以下命令。

from ete3 import NCBITaxa

ncbi = NCBITaxa()

ncbi.update_taxonomy_database()

注意网络不稳定时可能会导致配置失败，可选择不同网络连接或选择网速较好时进行多次尝试，也可尝试自行下载 taxdump.tar.gz 软件包（wget -c http://ftp.ncbi.nih.gov/pub/taxonomy/taxdump.tar.gz），然后在 python 交互界面运行：

from ete3 import NCBITaxa

ncbi = NCBITaxa()

NCBITaxa(taxdump_file='/path/to/taxdump.tar.gz')

注意将 path 修改为实际下载路径。

（5）第五步，下载并运行 MitoZ 软件：软件下载链接为 https://github.com/linzhi2013/MitoZ/tree/master/version_2.4-alpha，直接解压即可（解压命令：tar

-jxvf release_MitoZ_v2.4-alpha.tar.bz2）。

（6）第六步，运行 MitoZ：本研究使用 all 模块进行组装。all 模块支持双端测序数据和单端测序数据，只需要输入序列文件，就可输出一个包含线粒体基因组序列和注释信息的 genbank 文件。all 模块依次运行不同的模块进行过滤（filter）、组装（assemble）、寻找线粒体序列（findmitoscaf）、注释（annotate）和可视化（visualize），这使得 MitoZ 真正成为从原始数据进行线粒体基因组分析的“一键式”的解决方案。主要步骤如下所述。

①将双端测序的原始数据和配置文件 mitoz_all_config.txt（配置文件可在 example_configure_files 目录下查找）复制到 release_MitoZ_v2.4-alpha 目录下，修改并保存 mitoz_all_config.txt 文件，主要修改的参数如下：

--clade=Arthropoda

--outprefix = R19

--thread_number = 12

--fastq1 = *_2.fq.gz

--fastq2 = *_1.fq.gz

注意 outprefix 定义输出文件名称，可根据需要进行修改，两个 fastq 文件为双端测序的数据文件。以上参数及 mitoz_all_config.txt 文件中的其他参数根据需要进行配置。

②运行 all 模块：在终端输入命令 python3 MitoZ.py all --config mitoz_all_config.txt，开始运行即可。注意运行之前需要确保当前运行环境是配置好的 mitozEnv 环境。

③查看运行结果：运行结果储存在 outprefix 命名的文件夹中，查看 .gbf 文件中 DEFINITION，如果 topology = circular 则组装结果为完整线粒体基因组序列。如果 topology = linear 则为不完整的线粒体基因组序列，多数是由于控制区不能完全组装完整，并出现整体反向互补，且不是从线粒体基因组序列的 0 位置断开的情况。

2.3.2.2　基于 MIRA 和 MITObim 的组装方法

主要步骤如下所述。

（1）配置参考序列：选取近源物种的线粒体基因组作为参考序列，将参考序列的 .gb 文件复制，并在 Windows 操作系统下通过右键粘贴到 Geneious Prime 软件中。将参考序列从 cox1 中间分为两部分，将前一部分（即 tRNA_Ile~cox1）

剪切粘贴到后一段（即 cox1~A+T-rich region）的末尾处，保存并输出 fasta 格式的文件，命名为 ref.fasta 备用。

（2）分别下载、解压并对 MIRA 4.0.2 和 MITObim 1.9.1 软件进行配置：下载链接分别为 https://sourceforge.net/projects/mira-assembler/files/MIRA/stable/ 和 https://github.com/chrishah/MITObim，只需解压即可。利用以下命令修改 MIRA 4.0.2 的环境变量：

$echo 'PATH=$PATH:/path/mira_4.0.2_linux-gnu_x86_64_static/bin/' >> ~/.bashrc

$source ~/.bashrc

注意将 path 修改为软件实际所在路径。

（3）原始数据处理：将双端原始数据复制到 mitogenome 文件夹下，运用 gunzip *.fq.gz 命令进行解压。运行命令 cat *_1.fq *_2.fq > mitogenome.fastq 将两个解压后的文件合并到一个命名为 mitogenome.fastq 文件中备用。

（4）运行 MITObim：将准备好的参考文献同样复制到 mitogenome 文件夹下，并运行命令 perl /path/MITObim-master/MITObim.pl -start 1 -end 100 -sample testpool -ref mitogenome-mt -readpool mitogenome.fastq --quick ref.fasta --clean --NFS_warn_only > log 即可。注意将 path 修改为软件实际所在路径，mitogenome-mt 为生成的结果文件。

（5）查看结果：在上述命令运行结束后，会在 mitogenome 文件夹下生成最后两次迭代的结果。最后一次迭代生成的文件夹中（例如 iteration6）的 baitfile.fasta 文件即为组装后生成的一致序列。组装结果为 .caf 文件，可在 *_assembly 文件夹中找到。

2.3.2.3 其他方法

从二代测序数据组装线粒体基因组的软件目前仍在不断涌现，例如 Song 等于 2022 年发布的 MEANGS 软件。该软件的流程大致可总结为以下几步。首先，基于已发表的动物线粒体编码蛋白保守信息数据库，利用 nhmmer 软件对二代测序数据中的 reads 进行预测，找到潜在的线粒体编码序列；其次，通过 C++ 编写的组装模块（类似于 SSAKE 算法）对 reads 进行组装，获取此物种的线粒体编码蛋白序列（完整、不完整或多条）；再次，根据获取到的线粒体编码蛋白序列，组装模块将从它的两端开始进行迭代拼接，并组装出完整的线粒体基因组；最后，MEANGS 会再次利用 nhmmer 对完整线粒体基因组上的编码基因进行预测并注释。主要流程见图 2-4。

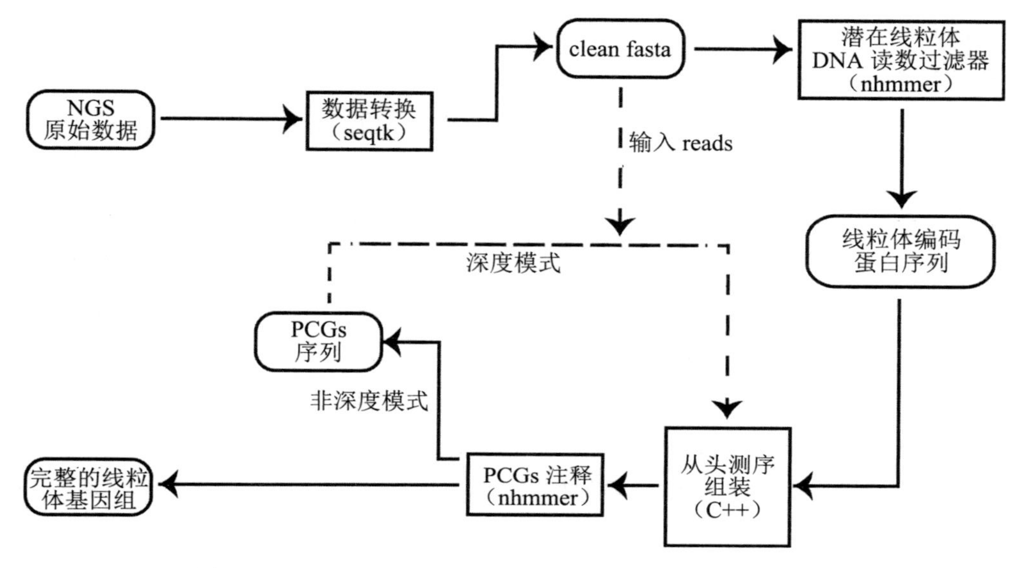

图 2-4　MEANGS 组装线粒体基因组流程（Song 等，2022）

此外还有基于 Windows 操作系统可以进行线粒体基因组组装的 Geneious 软件，该软件也需要参考序列，通过 Map to Reference 将测序所得的双向原始数据拼接到参考序列上，对拼接完成后获得的一致序列进行调整，最终得到目的基因组序列。

2.4　线粒体基因组的注释

序列注释信息的添加和调整主要在 Geneioue Prime 软件中完成。利用 MitoZ 组装出的完整线粒体基因组序列，可直接将 genbank 结果文件导入 Geneious Prime 软件，只需要对注释信息进行修改和调整即可。而对利用一代测序组装的序列，以及基于 MIRA、MITObim 和 Geneious 进行组装的 .fasta 格式的序列需要依据参考序列的注释信息进行注释。首先将处理好的 .gb 格式的参考序列和待注释的 .fasta 格式序列输入 Geneious Prime 软件中，利用 ClustalX 比对后选中比对结果中的参考序列，点击右键，依次选择 Annotation、Copy all in selected region to 和带注释序列，将参考序列注释信息复制到待注释序列上，这样待注释序列就具有与参考序列一样的注释信息。此时注释序列断开的位置不是从 0 开始，而是从 cox1 中间断开的，需要进行调零，再根据具体每个基因和非编码区的序列信息进行注释信息的调整。先利用 MITOS（http://mitos.bioinf.uni-leipzig.de/index.py）或 tRNAscan-SE（http://lowelab.ucsc.edu/tRNAscan-SE）进行 tRNA 二级结构预测，根据预测结果对 tRNA 基因的注释信息进行调整，个别未能预测出的 tRNA 基因，通过画出其二级结构来最终确定其位置。rRNA 二级结构要通过 Mfold（http://unafold.rna.albany.edu/?q=mfold/RNA-Folding-Form）在线软件进行预测，并参考其他物种的 rRNA 二级结构图画出其二级结构并最终确定它们的起始和终止位置。D-Loop 区的重复片段通过 Tandem repeats finder（http://tandem.bu.edu/trf/trf.html）在线软件进行预测，一些保守元件、茎环结构通过 ClustalX2 软件与已知物种的相关序列进行比对后确认位置。蛋白质编码基因需要根据起始和终止密码子调整注释信息，并且确保能够顺利翻译，个别蛋白质出现不能正常翻译的位点，则要在组装结果 caf 文件中找到该位置，在出现错误的位点位置仔细检查，并结合与近缘物种的线粒体基因组的比对结果，对出现问题的碱基做出修改和调整。如果仍旧不能确定问题位点准确的碱基，则需要通过该位点所在片段的特定引物，进行 PCR 扩增，并通过 Sanger 测序来最终确定问题位点的正确碱基。

2.5 线粒体基因组组成分析

将注释好的线粒体基因组序列输出为 .fasta 和 .gb 格式保存备用，利用 ClustalX2、MEGA X、Geneious Prime、Phylosuite 等软件进行序列比对并保存。碱基组成、氨基酸组成、碱基替换、密码子使用情况、保守位点、变异位点、替换位点等分析均通过 MEGA X 软件完成。最终的数据整理、图片处理等通过 Originpro 8.5、Microsoft Office 2010、Adobe Photoshop CC（64 Bit）、画图等软件完成。

第 3 章　直翅目线粒体基因组测定和分析实例

3.1　试验材料与方法

本章以异歧蔗蝗（*Hieroglyphus tonkinensis*）和红腹牧草蝗（*Omocestus haemorrhoidalis*）为例，介绍直翅目昆虫线粒体基因组的测定和分析方案。

3. 1. 1　试验材料

异歧蔗蝗（*Hieroglyphus tonkinensis*）属斑腿蝗科（Catantopidae）蔗蝗亚科（Hieroglyphinae）蔗蝗属（*Hieroglyphus*），样本于 2006 年 8 月 3 日采自广西玉林。红腹牧草蝗（*Omocestus haemorrhoidalis*）属网翅蝗科（Arcypteridae）网翅蝗亚科（Arcypterinae）雏蝗属（*Chorthippus*），样本于 2008 年 9 月 13 日采自陕西华阴。所有样本均在 100% 的酒精中 4℃保存于陕西师范大学生命科学学院动物学研究所分子进化生物学实验室，保存期间更换酒精数次。

3. 1. 2　试验方法

本章研究中涉及的主要仪器与试剂见表 3-1 和表 3-2。

表 3-1　主要仪器

用途	名称	公司
灭菌	自动高压蒸汽灭菌锅（G154DWS 型）	致微（厦门）仪器有限公司
称量	GF-300 型号多功能精密电子天平	日本 A & D 公司
冷藏	家用电冰箱（BCD-208A/B）	青岛海尔股份有限公司
电泳	微波炉（WB800（MG-5530S）型）	韩国 LG 公司
	DYY-10C 型号稳压稳流电泳仪	北京市六一仪器厂

续表

用途	名称	公司
电泳	DYY- Ⅲ型号电泳槽	北京市六一仪器厂
	UltrasIim LED 蓝光凝胶观察仪	西安中团生物科技有限公司
PCR	精密微量移液器	Eppendorf（Germany）
	Bio-Rad MyCycel Thermal Cycle 型梯度 PCR 扩增仪	Bio-Rad company
	TP600PCR 扩增仪	宝生物工程（大连）有限公司
	XH-B 型旋涡混合器	姜堰康健医疗器具有限公司
	XUEKE IMS-20 雪花制冰机	常熟市雪科电器有限公司
DNA 提取	Thermomoixer comfort 型号加热混匀器	Eppendorf（Germany）
	ZF 型微量核酸 / 蛋白分析仪	上海康华生化仪器厂
	54178 型台式高速冷冻离心机	Eppendorf（Germany）
制纯水	超纯水仪（MiLLi-Q）	Millipore Company（USA）
耗材	200 μL PCR 管、1.5 mL 离心管、研磨棒、枪头、离心管、镊子以及玻璃器皿	西安沃尔森生物技术有限公司、上海生工生物工程有限公司

表 3-2　主要试剂

用途	名称	公司
DNA 提取	DNeasy Blood & Tissue Kit （50）（Cat. No. 69504）	QIAGEN（Germany）
	蛋白酶 K （D9033）	宝生物工程（大连）有限公司
	Na2EDTA	广东华美集团有限公司（Sigma 分装）
	Tris	生工生物工程（上海）股份有限公司（Amreseo 分装）
	SDS	广东华美集团有限公司（Serva 分装）
	饱和酚	生工生物工程（上海）股份有限公司
	氯仿	西安化学试剂厂
	无水乙醇（分析纯）	天津福晨化学试剂厂

续表

用途	名称	公司
电泳	琼脂糖	Gene Tech（上海）公司分装（Biowest Agarose）
	TaKaRa DNAMarker DS2000 和 DS5000	宝生物工程（大连）有限公司
	Nucleic Acid Stain 核酸染料	西安科昊生物工程有限责任公司
PCR	2×*Taq* PCR StarMix with Loading Dye（Lot#5AJ03）	GenStar
	TaKaRa LA *Taq*TM 聚合酶	宝生物工程（大连）有限公司
	TaKaRa Premix *Taq*（LA *Taq* Version 2.0 plus dye）（Lot#A2001A）	宝生物工程（大连）有限公司
DNA 纯化	D205-01 StarPrep Gel Extraction Kit StarPrep（50 rxn）	GenStar

3.2　总 DNA 提取、测序、组装及注释

异歧蔗蝗和红腹牧草蝗总 DNA 采用试剂盒法进行提取，具体步骤详见 2.1.1；基于 PCR 扩增和一代测序对其线粒体基因组进行测定，具体步骤详见 2.2.1；一代测序结果的组装方法详见 2.2.2；线粒体基因组的注释方法参见 2.4 相关内容。

3.3　线粒体基因组组成与分析

3.3.1　线粒体基因组组成与结构

异歧蔗蝗和红腹牧草蝗的 mtDNA 注释完成后全长分别为 15 625 bp 和 15 600 bp，均是由 37 个基因和 1 个 D-Loop 区组成的环状 DNA 分子。基因排列顺序均具有典型的 KD 转位，并且没有其他的基因重排，如图 3-1 所示。37 个基因中共有 23 个基因有 J 链编码，包括 9 个 PCGs 基因（*COX1*、*COX2*、*COX3*、*ATP6*、*ATP8*、*CYTB*、*ND2*、*ND3*、*ND6*），14 个 tRNA 基 因（*trnI*、*trnM*、*trnW*、$trnL^{UUR}$、*trnD*、*trnK*、*trnG*、*trnA*、*trnR*、*trnN*、$trnS^{AGN}$、*trnE*、*trnT*、$trnS^{UCN}$），其余 14 个由 N 链编码。两种蝗虫 mtDNA 的相关信息见表 3-3 和表 3-4。

异歧蔗蝗和红腹牧草蝗的基因与基因之间存在一些间隔区（不包括 D-Loop 区）或重叠区。异歧蔗蝗基因间隔共有 21 处，总长度为 146 bp，单个基因间隔范围是 1 ~ 35 bp，其中最长的基因间隔在 *trnP* 与 *ND6* 基因之间；红腹牧草蝗基因间隔共有 21 处，总长度为 116 bp。这两种蝗虫线粒体单个基因间隔范围都是 1 ~ 21 bp，最长的基因间隔均在 $trnS^{UCN}$ 与 *ND1* 基因之间。异歧蔗蝗 mtDNA 中基因重叠分别有 8 处，均共 41 bp，长度介于 1 ~ 8 bp，最大的重叠都有两处，分别是 *trnW* 与 *trnC* 之间和 *trnY* 与 *COX1* 之间；红腹牧草蝗 mtDNA 中基因重叠存在于 5 处基因之间，共 36 bp，长度介于 2 ~ 10 bp，最大的重叠是在 *ND2* 与 *trnW* 之间和 *trnY* 与 *COX1* 之间。

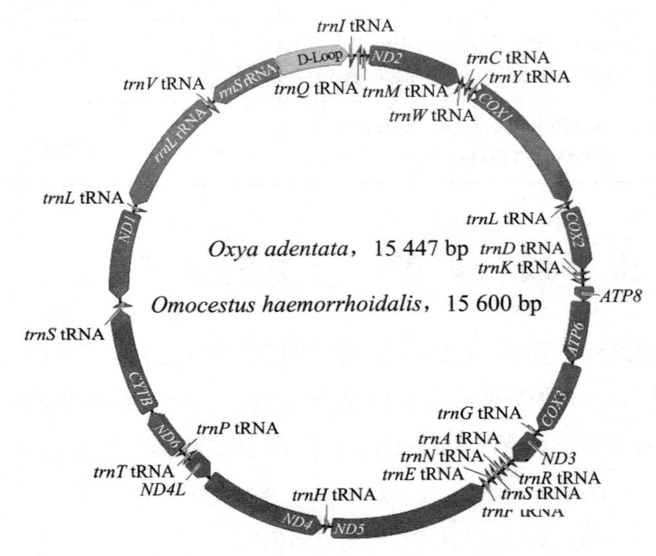

图 3-1　异歧蔗蝗和红腹牧草蝗 mtDNA 结构图

表 3-3　异歧蔗蝗 mtDNA 组成

基因	链	位置	长度 /bp	基因间核苷酸	反密码	起始 / 终止密码子
TrnI	J	1~67	67	3	GAT	
TrnQ	N	71~139	69	7	TTG	
TrnM	J	147~215	69	0	CAT	
ND2	J	216~1 238	1 023	0		ATG/TAA
TrnW	J	1 237~1 303	67	−8	TCA	

续表

基因	链	位置	长度 /bp	基因间核苷酸	反密码	起始 / 终止密码子
TrnC	N	1 296~1 357	62	8	GCA	
TrnY	N	1 366~1 431	66	−8	GTA	
COX1	J	<1 424~2 968	1 545	−5		ACC/TAA
trnL^{UUR}	J	2 964~3 029	66	7	TAA	
COX2	J	3 037~3 720	684	−2		ATG/TAA
TrnD	J	3 719~3 783	65	3	GTC	
TrnK	J	3 787~3 857	71	16	CTT	
ATP8	J	3 874~4 035	162	−7		ATC/TAA
ATP6	J	4 029~4 706	678	4		ATG/TAA
COX3	J	4 711~5 502	792	2		ATG/TAA
TrnG	J	5 505~5 571	67	0	TCC	
ND3	J	5 572~5 925	354	3		ATC/TAA
TrnA	J	5 926~5 993	68	3	TGC	
TrnR	J	5 997~6 061	65	0	TCG	
TrnN	J	6 062~6 130	69	−1	GTT	
trnS^{AGN}	J	6 130~6 196	67	1	GCT	
TrnE	J	6 198~6 264	67	0	TTC	
TrnF	N	6 265~6 330	66	1	GAA	
ND5	N	6 332~8 050	1 719	15		ATT/TAA
TrnH	J	8 066~8 132	67	2	GTG	
ND4	N	8 135~9 469	1 335	−7		ATG/TAA
ND4L	N	9 463~9 756	294	2		ATG/TAA
TrnT	J	9 759~9 827	69	0	TGT	
TrnP	N	9 828~9 891	64	35	TGG	
ND6	J	9 927~10 412	486	8		ATA/TAA

续表

基因	链	位置	长度 /bp	基因间核苷酸	反密码	起始 / 终止密码子
CYTB	J	10 421~11 560	1 140	0		ATG/TAA
trnS^{UCN}	J	11 561~11 630	70	21	TGA	
ND1	N	11 652~12 596	945	3		ATA/TAG
trnL^{CUN}	N	12 600~12 665	66	0	TAG	
RrnL	N	12 666~13 982	1 317	1		
TrnV	N	13 984~14 055	72	1	TAC	
RrnS	N	14 057~14 851	795	0		
D-Loop		14 852~15 625	774			

表 3-4　红腹牧草蝗 mtDNA 组成

基因	链	位置	长度 /bp	基因间核苷酸	反密码	起始 / 终止密码子
TrnI	J	1~68	68	3	GAT	
TrnQ	N	72~140	69	2	TTG	
TrnM	J	143~211	69	0	CAT	
ND2	J	212~1 243	1 032	−10		ATG/TAA
TrnW	J	1 234~1 301	68	−8	TCA	
TrnC	N	1 294~1 356	63	12	GCA	
TrnY	N	1 369~1 435	67	−9	GTA	
COX1	J	1 428~2 966	1 539	2		ATC/TAG
trnL^{UUR}	J	2 969~3 034	66	1	TAA	
COX2	J	3 036~3 719	684	−2		ATG/TAA
TrnD	J	3 718~3 783	66	2	GTC	
TrnK	J	3 786~3 856	71	14	CTT	
ATP8	J	3 871~4 032	162	7		ATT/TAA
ATP6	J	4 026~4 703	678	3		ATG/TAA
COX3	J	4 707~5 498	792	2		ATG/TAA

续表

基因	链	位置	长度 /bp	基因间核苷酸	反密码	起始 / 终止密码子
TrnG	J	5 501~5 566	66	0	TCC	
ND3	J	5 567~5 920	354	0		ATC/TAA
TrnA	J	5 921~5 986	66	3	TGC	
TrnR	J	5 990~6 056	67	2	TCG	
TrnN	J	6 059~6 126	68	0	GTT	
*trnS*AGN	J	6 127~6 193	67	0	GCT	
TrnE	J	6 194~6 259	66	0	TTC	
TrnF	N	6 260~6 323	64	0	GAA	
ND5	N	6 324~8 045	1 722	15		ATT/TAA
TrnH	J	8 061~8 126	66	4	GTG	
ND4	N	8 131~9 465	1 335	−7		ATG/TAG
ND4L	N	9 459~9 752	294	2		ATG/TAA
TrnT	J	9 755~9 823	69	0	TGT	
TrnP	N	9 824~9 888	65	2	TGG	
ND6	J	9 891~10 412	522	8		ATG/TAA
CYTB	J	10 421~11 560	1 140	6		ATG/TAA
*trnS*UCN	J	11 567~11 636	70	21	TGA	
ND1	N	11 658~12 602	945	3		ATA/TAG
*trnL*CUN	N	12 606~12 671	66	0	TAG	
RrnL	N	126 72~13 976	1 305	0		
TrnV	N	13 977~14 047	71	2	TAC	
RrnS	N	14 050~14 843	794	0		
D-Loop		14 844~15 600	757			

3.3.2　线粒体基因组核苷酸的组成特点

用 Geneious 软件分别对两种蝗虫的线粒体基因组不同部分的序列进行抽提，

根据需要分为表 3-5 中的几个数据集，并分别用 MAGE X 对核苷酸的组成进行统计，计算每个部分 A+T 含量、AT 偏向性以及 GC 偏向性。图 3-2 是以每 50 个位点为单位来表示 A+T 含量与位点之间的对应关系。表 3-5 结果显示，两种蝗虫线粒体基因组每一个部分都呈现出 AT 含量大于 GC 含量，具有 AT 偏向性；异歧蔗蝗和红腹牧草蝗 A+T 含量最高的是 PCGs 中的密码子第三位点，分别是 87.7% 和 88.7%，均是密码子第三位点 > 第一位点 > 第二位点，且密码子第二位点是这几个数据集中 A+T 含量最少的；除密码子第三位点外，D-Loop 区均具有很高的 AT 含量，都在 82% 以上。两种蝗虫 mtDNA 整体偏斜率都具有 A 偏斜和 C 偏斜；13 个 PCGs 都是 T 偏斜，GC 偏斜呈多样性，但 J 链编码的 PCGs 均具有轻微的 C 偏斜，AT 偏斜不明显，N 链编码的 PCGs 具有明显的 T 偏斜和 G 偏斜；密码子第一位点具有较为明显的 G 偏斜，T 偏斜不明显，第二位点具有明显的 T 偏斜和 C 偏斜，第三位点 AT 偏斜不明显且不同，但都有轻微的 C 偏斜；22 个 tRNA 基因以及 J 链编码的 tRNA 基因都是轻微的 A 偏斜和 G 偏斜，N 链编码的 RNA 基因都具有 T 偏斜和 G 偏斜；D-Loop 区具有轻微的 A 偏斜，但红腹牧草蝗具有非常轻微的 G 偏斜，异歧蔗蝗都是 C 偏斜。

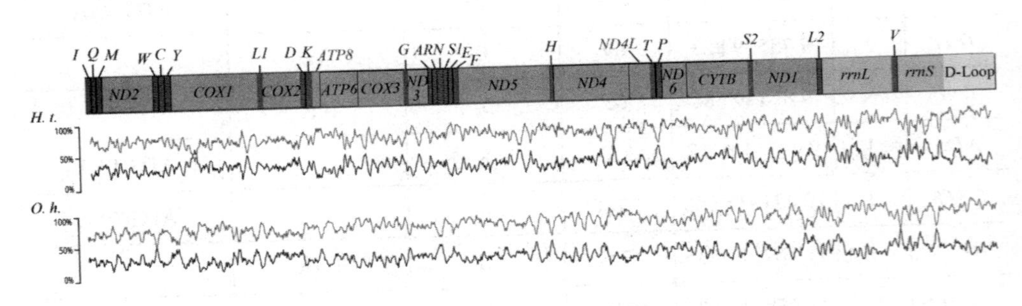

图 3-2 两种蝗虫 mtDNA 的 AT 含量和 GC 含量（注：绿色代表 AT 含量，蓝色代表 GC 含量）

表 3-5 两种蝗虫 mtDNA 的核苷酸组成

特征	（A+T）/%		AT 偏斜		GC 偏斜	
	H. t.	*O. h.*	*H. t.*	*O. h.*	*H. t.*	*O. h.*
全基因组（J 链）	74.2	74.7	0.16	0.14	−0.17	−0.15
PCGs*	73.2	73.9	−0.13	−0.14	−0.01	0.01
第一位点	66.7	67.7	−0.05	−0.03	0.21	0.23

续表

特征	（A+T）/%		AT 偏斜		GC 偏斜	
	H. t.	*O. h.*	*H. t.*	*O. h.*	*H. t.*	*O. h.*
第二位点	65.6	65.3	−0.40	−0.40	−0.17	−0.17
第三位点	87.7	88.7	0.00	−0.04	−0.15	−0.05
J 链编码的 PCGs	71.6	72.5	0.02	0.00	−0.13	−0.10
N 链编码的 PCGs	75.7	76.2	−0.37	−0.36	0.23	0.22
22 个 tRNA 基因	72.2	72.5	0.01	0.03	0.12	0.12
J 链编码的 tRNA 基因	72.6	73.2	0.07	0.07	0.04	0.04
N 链编码的 tRNA 基因	71.6	71.2	−0.10	−0.05	0.27	0.24
2 个 rRNA 基因	75.6	76.3	−0.18	−0.15	0.23	0.26
D-Loop	85.3	82.7	0.16	0.06	−0.18	0.01

注：* 终止密码子除外。

AT/% = [A+T]/[A+T+G+C]，AT 偏斜 = [A−T]/[A+T]，GC 偏斜 = [G−C]/[G+C]。

3.3.3　蛋白质编码基因

两种蝗虫 mtDNA 的 13 个 PCGs 起始和终止密码子见表 3-3 和表 3-4，只有异歧蔗蝗的 *COX1* 起始密码子为 ACC，其他均为 ATN，终止密码子均为 TAA 或 TAG。

除终止密码子外，异歧蔗蝗和红腹牧草蝗密码子总数分别有 3 706 和 3 719，所有密码子中使用频率以及相对密码子使用频率即 *n*（RSCU）值最高的均是 UUA，分别为 325（3.69）和 346（4）；最低的分别为异歧蔗蝗 CGC（0）和红腹牧草蝗 CGC 和 AGC（0）（图 3-3）。氨基酸组成中最高的是 Leu，分别为 14.25% 和 13.96%，最少的是 Cys，分别为 1.19% 和 1.21%（图 3-4）。

3.3.4　tRNA 基因

两种蝗虫 mtDNA 的 22 个 tRNA 二级结构中，均是除 *trnS*^{AGN} 缺少 DHU 臂（图 3-5 和图 3-6），其余均为三叶草结构，反密码子和大部分昆虫相一致。两种蝗虫 tRNA 二级结构中均存在一些错配的碱基对，其中以 G-U 错配为主，如表 3-6 所示。经过与其他研究对比发现很多蝗虫与本研究中的两个种一样，在 *trnD* 的氨基酸臂都存在一个 A-A 错配。其他错配并无明显规律。

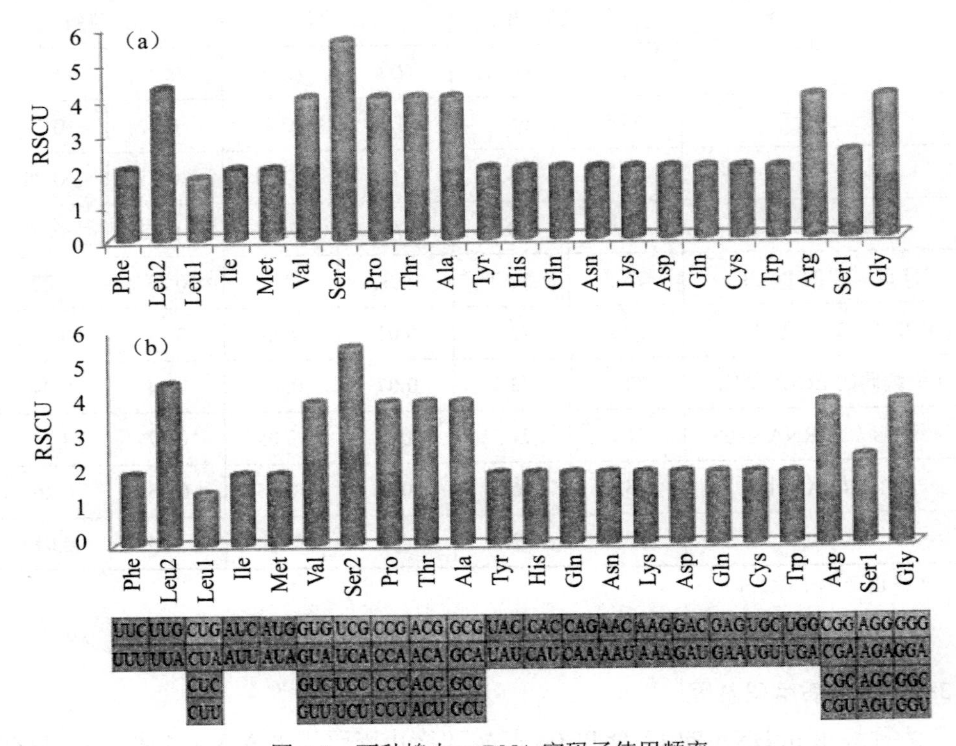

图 3-3　两种蝗虫 mtDNA 密码子使用频率

（a）异歧蔗蝗；（b）红腹牧草蝗

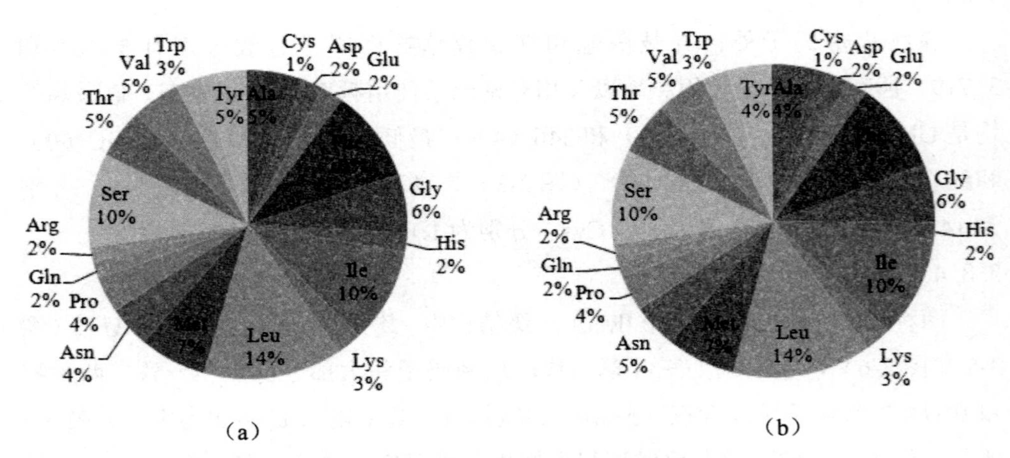

图 3-4　两种蝗虫 mtDNA 氨基酸组成

（a）异歧蔗蝗；（b）红腹牧草蝗

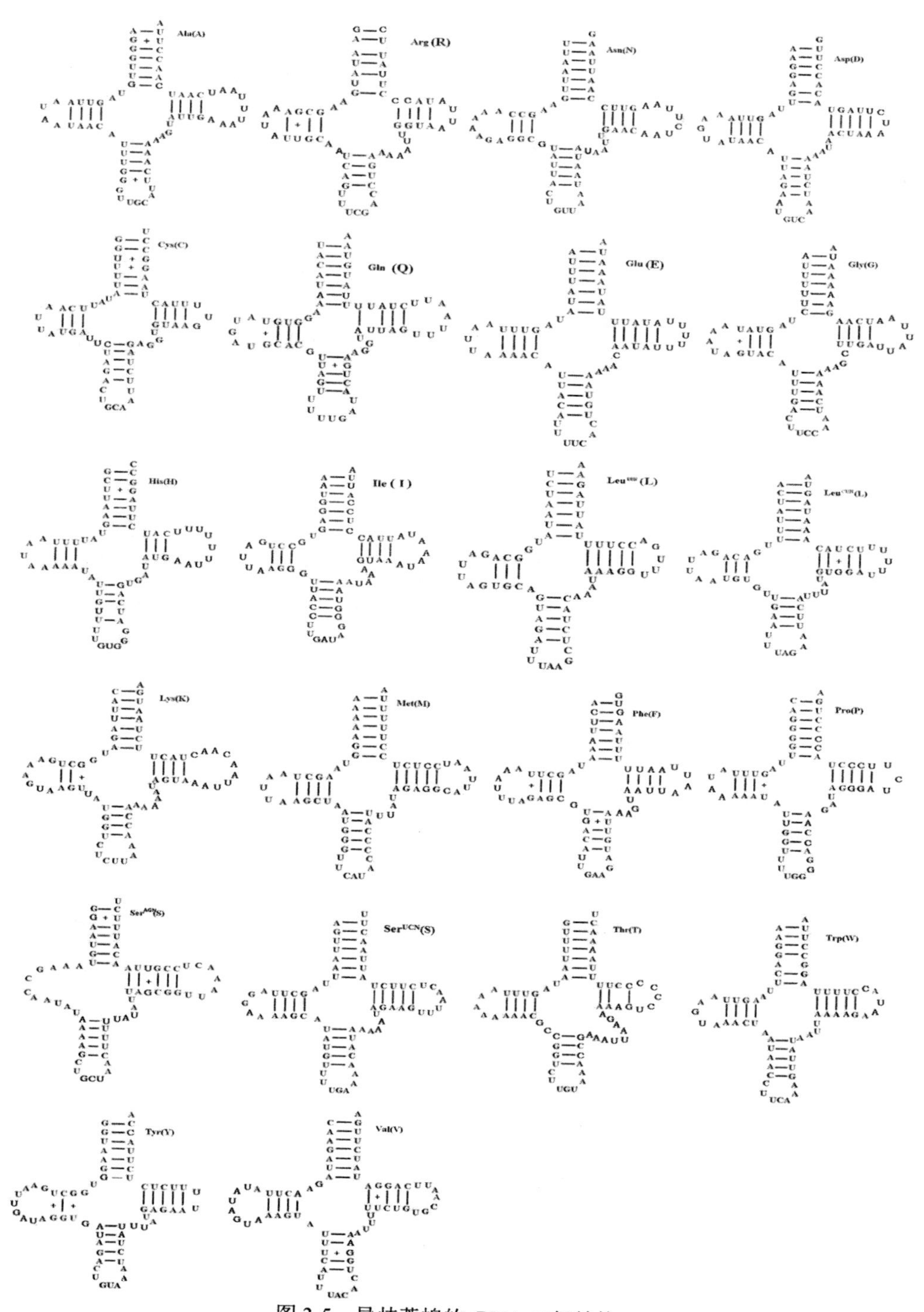

图 3-5　异歧蔗蝗的 tRNA 二级结构

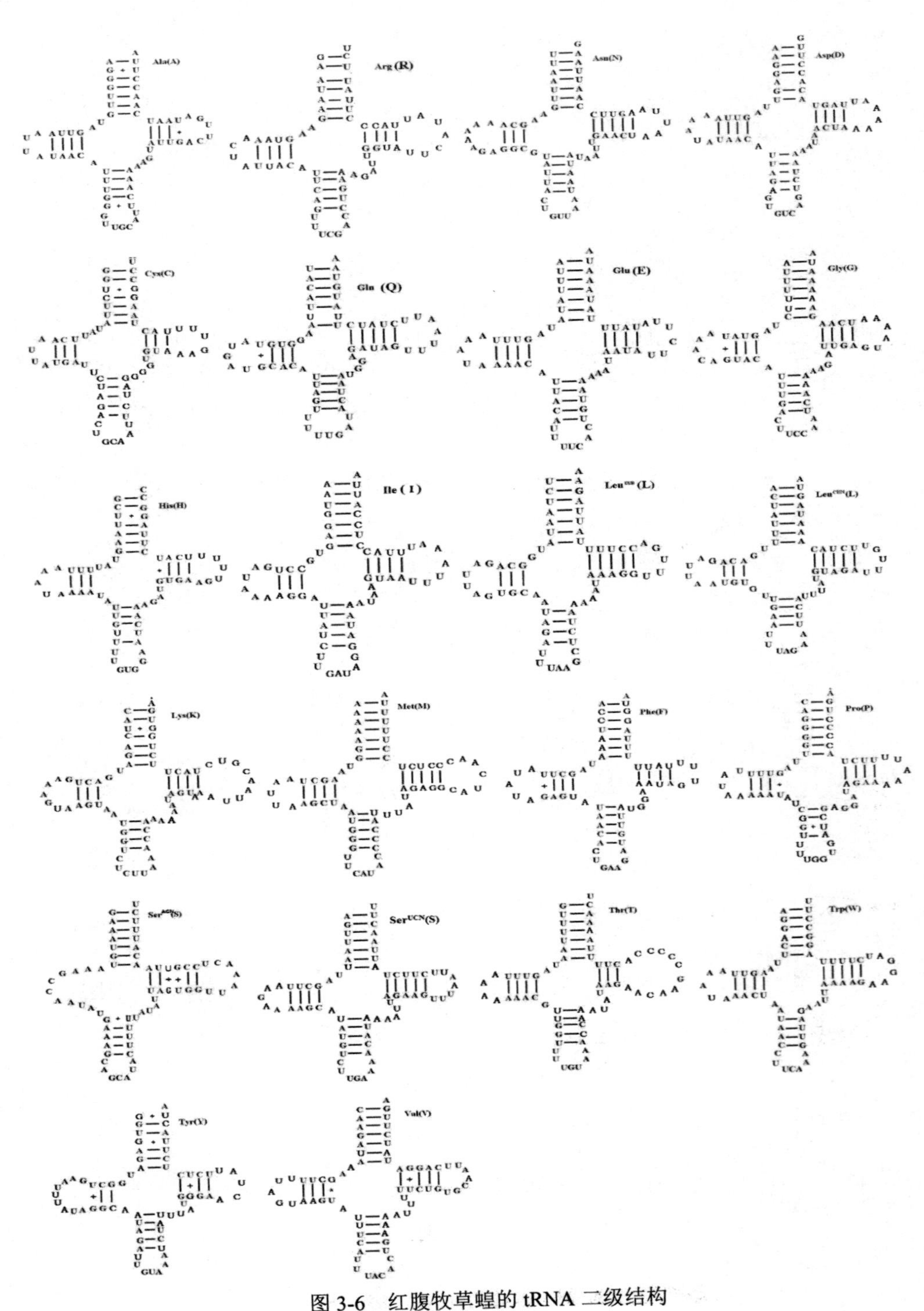

图 3-6　红腹牧草蝗的 tRNA 二级结构

表 3-6　两种蝗虫 tRNA 二级结构错配及位置

种类	异歧蔗蝗	红腹牧草蝗
tRNA 长度范围及位置	62 bp（*trnC*）~72 bp（*trnV*）	58 bp（*trnI*）~71 bp（*trnV*）
错配对数	27 处	24 处
G-U	21 处	21 处
U-U	3 处（*trnR* 的氨基酸臂）	2 处（*trnQ* 的氨基酸臂、*trnH* 的反密码子臂）
A-A	1 处（*trnD* 的氨基酸臂）	1 处（*trnD* 的氨基酸臂）
A-C	1 处（*trnT* 的 TψC 臂）	
A-G	1 处（*trnW* 的氨基酸臂）	
U-C		

3.3.5　rRNA 基因

两种蝗虫的 rRNA 基因位置相同：*rrnL*（16S rRNA 或 lrRNA）在 $trnL^{CUN}$ 和 *trnV* 之间，*rrnS*（12S rRNA 或 srRNA）在 *trnV* 和 D-Loop 之间，均在 N 链上。其长度见表 3-3 和表 3-4。通过与其他已测出的直翅目昆虫 mtDNA 的 rRNA 基因序列的比对及其二级结构的参考，画出了两种蝗虫 rRNA 的二级结构图（图 3-7 和图 3-8）。

3.3.6　D-Loop 区

两种蝗虫的 D-Loop 区均位于 *rrnS* 和 *trnI* 之间，长度见表 3-3 和表 3-4。D-Loop 区 A+T 含量与 mtDNA 其他部分相比是最高的（表 3-5）。应用在线软件 Tandem Repeats Finder 对两种蝗虫的 D-Loop 区进行重复序列的预测发现，在异歧蔗蝗线粒体基因组 15 043 ~ 15 074 出现一个长度为 16 bp 的重复序列，重复一次，而红腹牧草蝗中没有发现重复片段。Zhang 等（1995）将草地蝗虫（*Chorthippus parallelus*）、沙漠蝗虫（*Schistocerca gregaria*）的 D-Loop 区与果蝇等昆虫比较后发现，茎环结构序列 5′ 端以“TTATA”开始，3′ 端则以“G(A)n(t)”为主要特征，但也有研究表明该特特征并非对所有昆虫都适用，例如亚洲飞蝗和非洲飞蝗就有所差异。经过进一步的研究比对，发现在异歧蔗蝗的 D-Loop 区分别有一个类似茎环状的二级结构如图 3-9、图 3-10 所示，但 5′ 端均出现“TATA”，3′ 端则是出现“TAAATA”，红腹牧草蝗中没有发现类似结构。

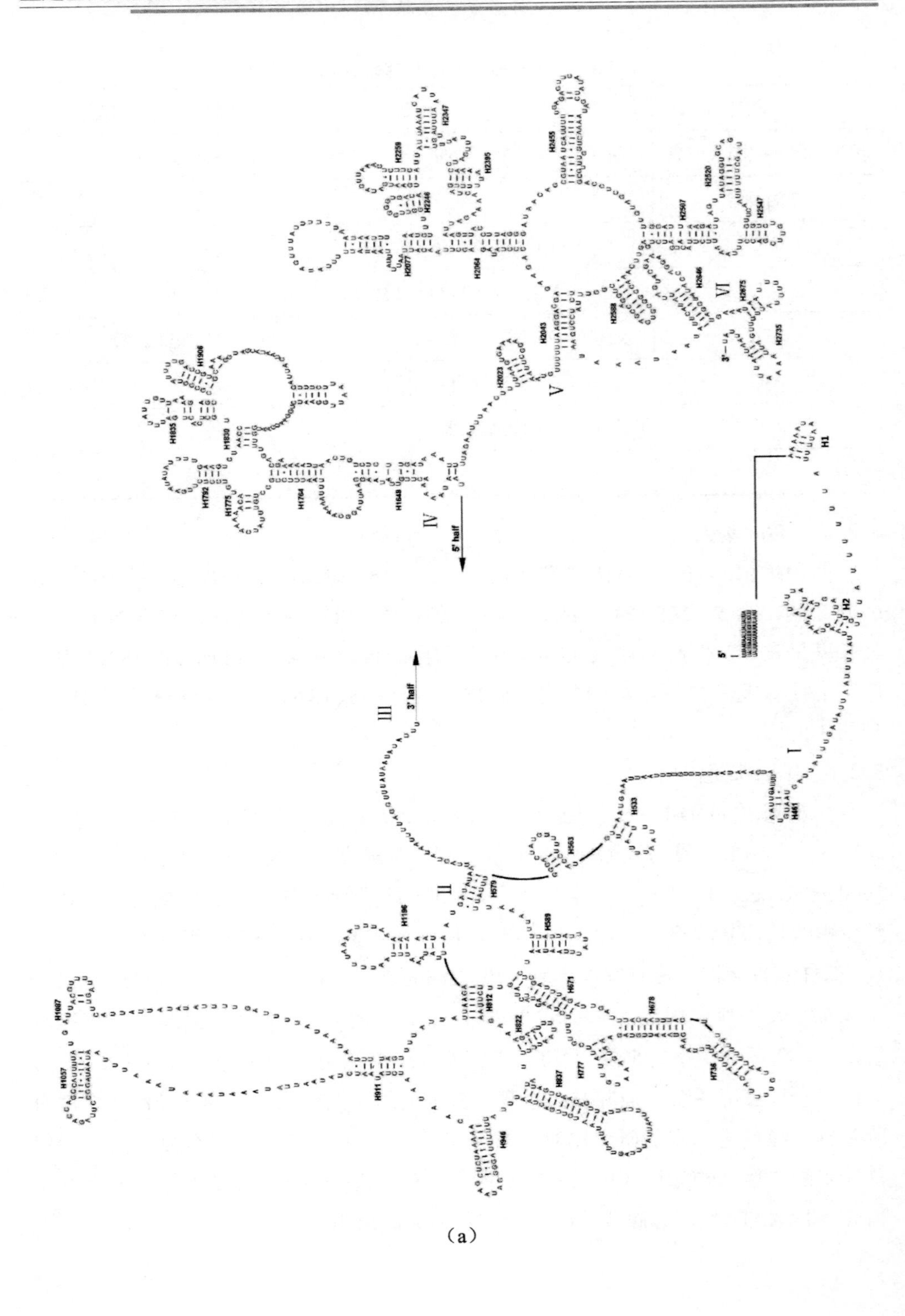
5'
3'
I
II
III
IV
V
VI
3' half
5' half
H1
H2
H461
H533
H563
H579
H589
H671
H673
H735
H777
H822
H837
H911
H946
H1057
H1087
H1196
H1648
H1764
H1775
H1792
H1830
H1835
H1906
H2023
H2043
H2064
H2077
H2246
H2259
H2347
H2395
H2455
H2507
H2520
H2547
H2588
H2646
H2675
H2735

（a）

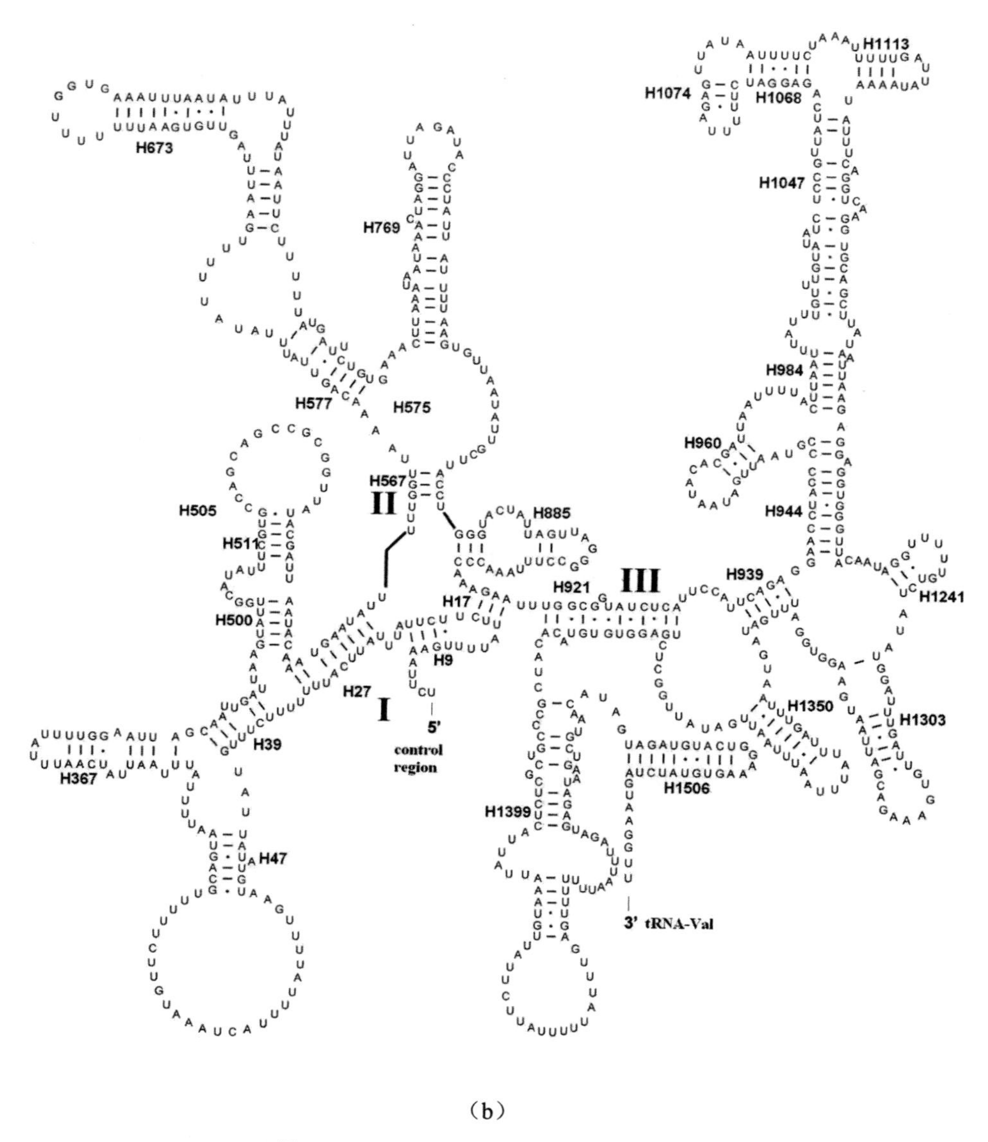

（b）

图 3-7　异歧蔗蝗的 rRNA 二级结构预测

（a）16S rRNA；（b）12S rRNA

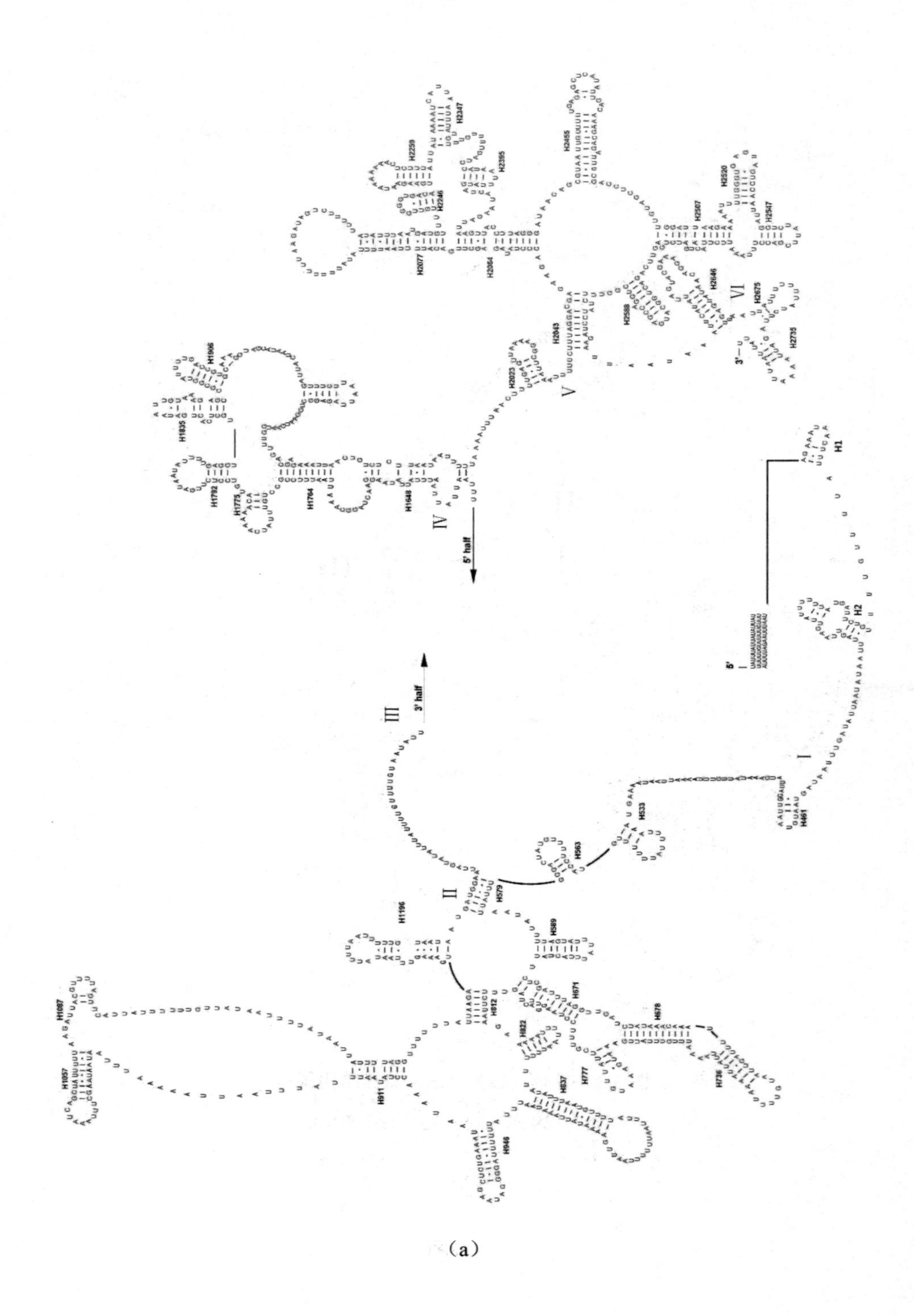

（a）

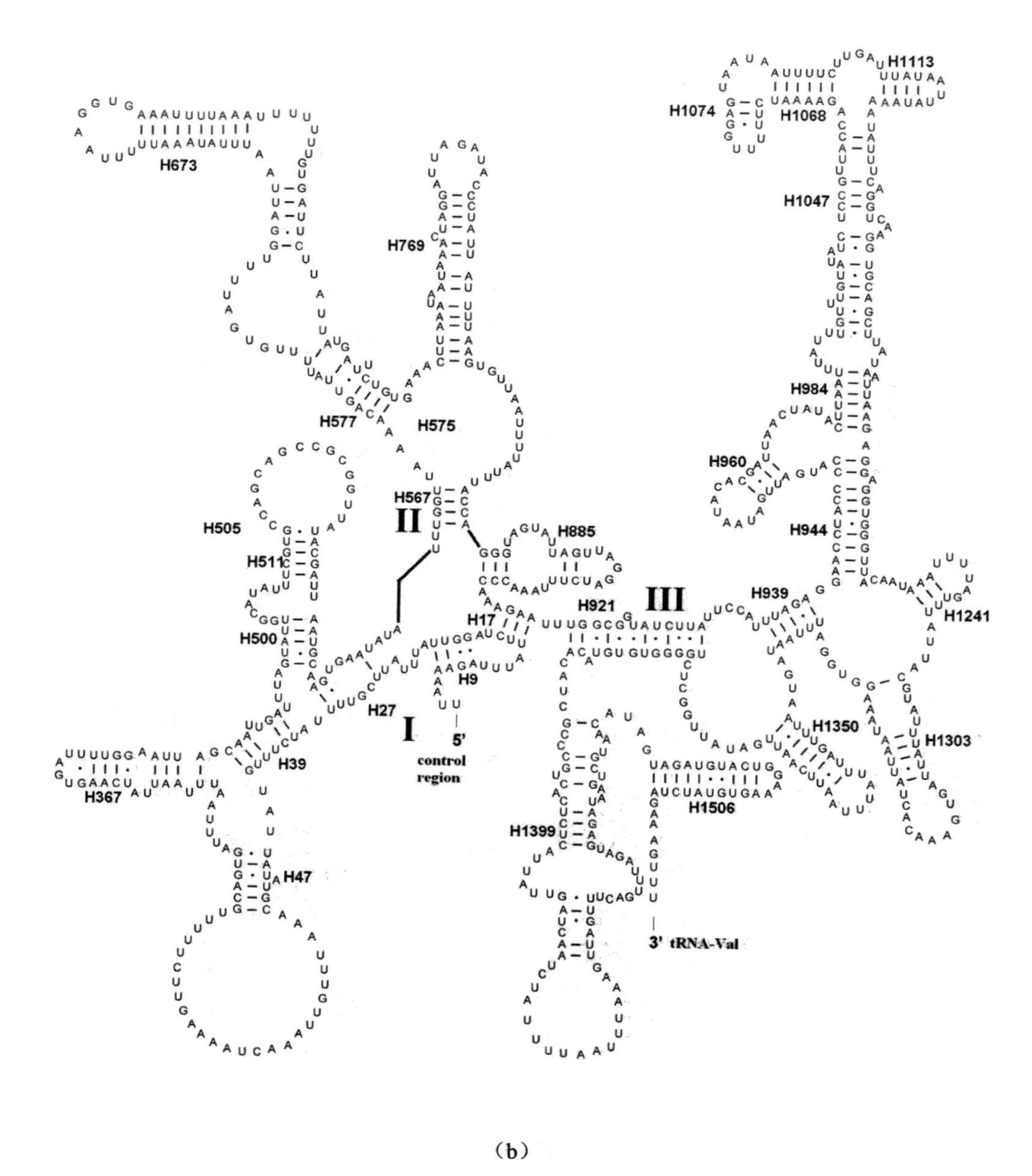

（b）

图 3-8　红腹牧草蝗的 rRNA 二级结构预测

（a）16S rRNA；（b）12S rRNA

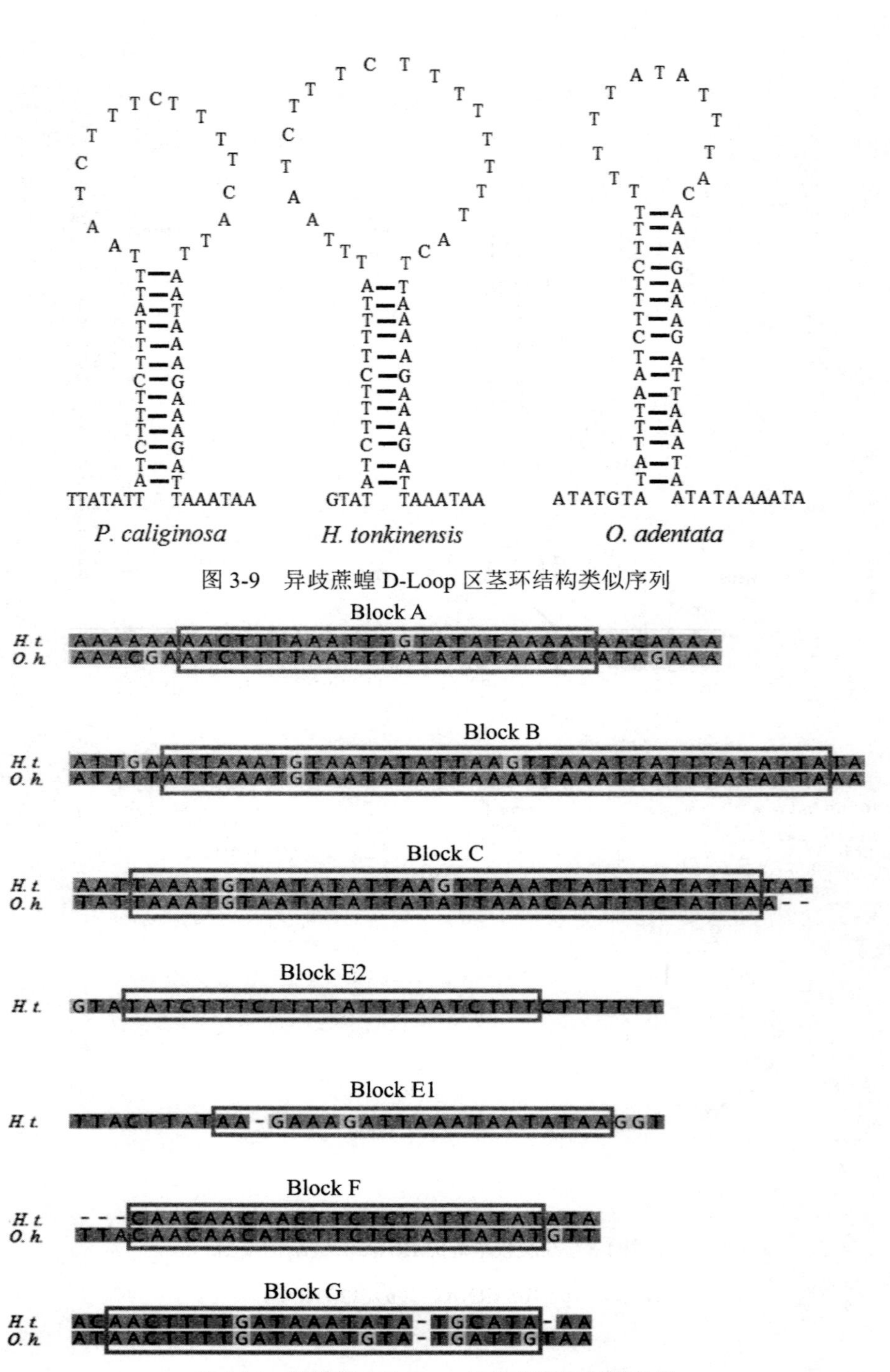

图 3-9　异歧蔗蝗 D-Loop 区茎环结构类似序列

图 3-10　两种蝗虫 D-Loop 区的保守区预测结果

Zhang 等（1995）认为类似 8 个保守的结构域（Block A、Block B、Block C、Block D、Block E1、Block E2、Block F 和 Block G）的结构有可能在无脊椎动物中普遍存在。通过与沙漠蝗、草地雏蝗、非洲飞蝗、中华稻蝗的 D-Loop 区比对发现，两种蝗虫均存在 Block A、Block B、Block C 和 Block G，均缺少 Block D；此外，红腹牧草蝗还缺少 Block E1，Block E2。研究发现在其他物种中的 D-Loop 区在靠近 *trnI* 基因 5′ 端的区域会出现 Poly(T) 结构，例如无齿稻蝗的 D-Loop 区在靠近 *trnI* 基因 5′ 端的区域出现了一段 5′-TACA<u>TTTTTTTTTT</u>AAAA AAA-3′，其中有 10 bp 的 Poly(T) 结构，但一般认为大于 10 bp 才与复制起始有关。但在异歧蔗蝗和红腹牧草蝗中没有发现明显的 Poly(T) 结构，这可能与物种之间进化速率有关。Block E1 和 Block E2 形成茎环结构，它与第二条链（N 链）的复制起始有关，J 链复制起始是在 N 链的复制完成 97% 之后开始，即认为 OJ 位于距离 ON 约 97% mtDNA 长度的位置上。但关于 J 链的复制起点（OJ）的识别及其调控元件都没有明确定论。

第 4 章　直翅目线粒体比较基因组学分析

4.1　线粒体基因组大小

通过对 142 条直翅目完整的 mtDNA 比较，发现直翅目 mtDNA 长度大多是在 15.6 kb 左右（图 4-1），在这 142 条序列中蝗亚目脊蜢科的 *Chorotypus fenestratus*（NC_028064）线粒体基因组最短为 14 435 bp，但是该物种没有控制区序列，而完整的 mtDNA 中最短的是蜢总科的 *Pseudothericles compressifrons*（NC_028061，15 081 bp），最长的是螽斯科的瘦露螽 *Phaneroptera gracilis*（NC_034756，18 255 bp），原因主要在于它除 1 548 bp 的 D-Loop 区外，在 *ND2* 和 *trnW* 之间还有 1 830 bp 的基因间隔区。线粒体基因组大小主要受 D-Loop 区或基因间隔区的数量和长度影响，D-Loop 区较长的话一般全长也较长。

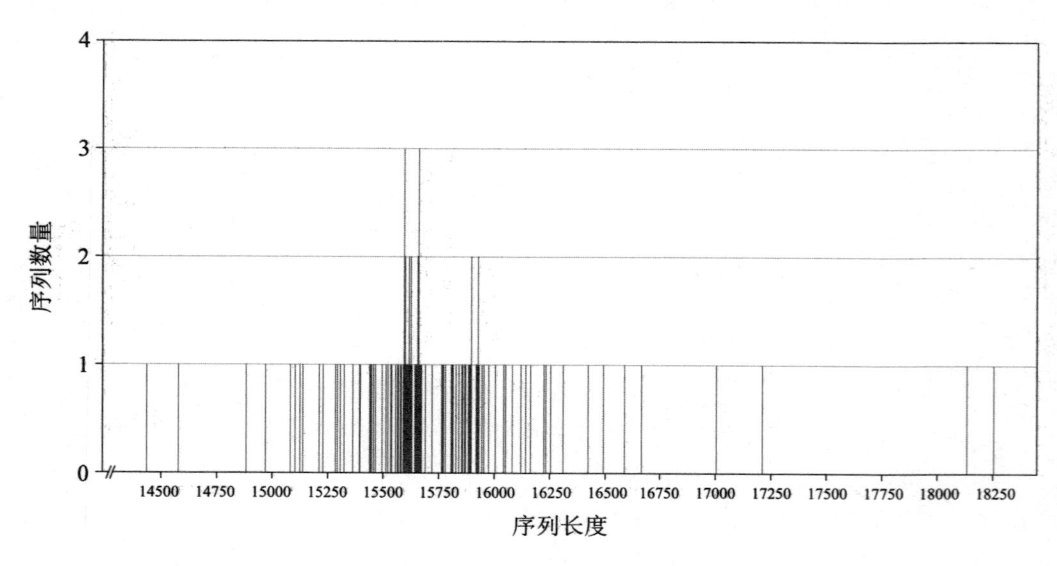

图 4-1　直翅目 mtDNA 长度比较

4.2 线粒体基因组基因重排

昆虫 mtDNA 基因原始的排列顺序如图 4-2 中 A 所示。

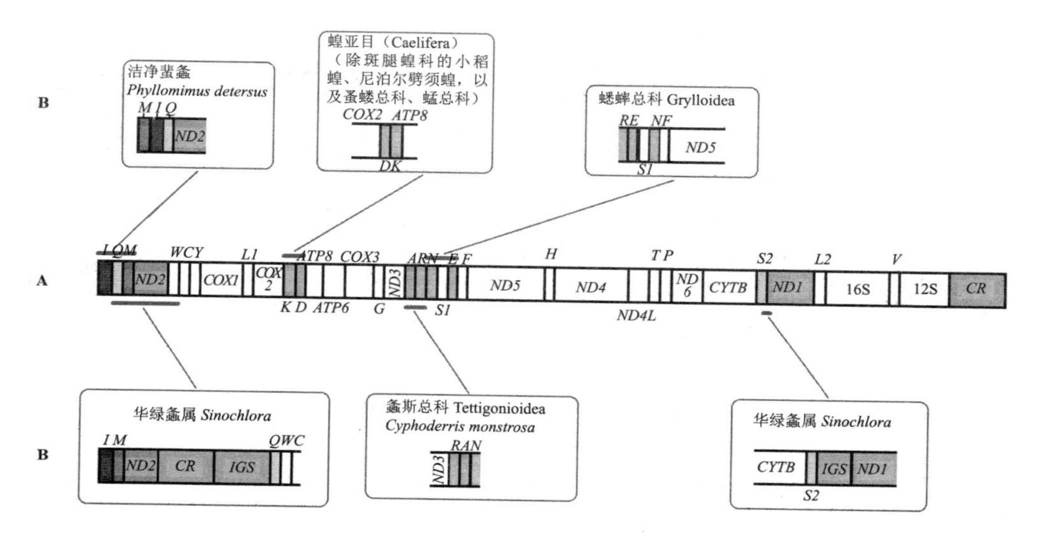

图 4-2 直翅目昆虫部分 mtDNA 中基因排序

通过比较 142 种直翅目线粒体基因组序列，统计出了发生重排的主要的位置和物种见表 4-1，蝗亚目中基因重排发生的概率很小，大多数蝗亚目与原始的基因排序相同，主要是存在 *trnK* 和 *trnD* 的位置互换，以 D-K 的方式存在，也就是 KD 重排。但也有例外，蝗亚目中蚤蝼总科、蜢总科以及斑腿蝗科的小稻蝗、尼泊尔劈须蝗是以原始的 K-D 形式存在。蝗亚目 KD 重排率达到 95%，并无其他的重排形式。而在螽亚目中原始的 K-D 排列方式比较普遍，比如在蟋蟀总科、蝼蛄总科、螽斯总科中都有出现。螽亚目包括 KD 重排共发现 8 种重排形式，重排总概率达到 80%，除 KD 重排外重排概率为 36%，即在 142 个直翅目昆虫 mtDNA 中，重排事件除 KD 重排外发生概率为 36%。拟叶螽科洁净蜚螽（*Phyllomimus detersus*）的 mtDNA 中发现一个不同于祖先基因排列（*trnI-trnQ-trnM*）的新的排列方式：*trnM-trnI-trnQ*。而在蟋蟀总科中发现区别于祖先基因排列 *trnN-trnS*^{AGN}*-trnE* 的排列方式 *trnE-trnS*^{AGN}*-trnN*。在螽斯总科 *Cyphoderris monstrosa* 中发现区别于祖先基因排列 *trnA-trnR* 的排列方式 *trnR-trnA*。另外在螽斯总科华绿螽属（*Sinochlora*）也发现 D-Loop 区是以 *rrnS-trnI-trnM-ND2-*

D-Loop-*trnG*-*trnW* 的方式存在。此外在山陵丽叶螽（*Orophyllus montanus*，KT345951）中出现 *trnM* 的缺失，在 *Comicus campestris*（NC_028062）中出现 *trnI* 的缺失。驼螽科 *Troglophilus neglectus*（NC_011306）线粒体基因组序列中发现了 23 个 tRNA，即在 *COX1* 和 *COX2* 之间存在 2 个 $trnL^{UAA}$。总的来看螽亚目物种 mtDNA 重排发生概率要大于蝗亚目。

表 4-1　142 种直翅目 mtDNA 重排的位置及物种

位置	序列号	物种	备注
原始 K-D	KP313875	小稻蝗 *Oxya hyla intricata*	斑腿蝗科
	NC_029135	尼泊尔劈须蝗 *Peripolus nepalensis*	斑腿蝗科
	NC_014488	*Ellipes minuta*	蚤蝼总科
	NC_020045	变色乌蜢 *Erianthus versicolor*	蜢总科
	KC555032	日本蚤蝼 *Tridactylus japonicus*	蚤蝼总科
	JQ686193	澳洲油葫芦 *Teleogryllus commodus*	蟋蟀总科
	NC_011301	蚁蟋 *Myrmecophilus manni*	
	MK903567	多伊棺头蟋 *Loxoblemmus doenitzi*	
	MK903577	云斑金蟋 *Xenogryllus_marmoratus*	
	NC_028619	油葫芦 *Teleogryllus oceanicus*	
	MK903574	银川油葫芦 *Teleogryllus infernalis*	
	NC_011302	和斑蝼蛄 *Gryllotalpa pluvialis*	蝼蛄总科
	NC_028058	沙螽 *Stenopelmatus fuscus*	螽斯总科
	NC_028059	*Cyphoderris monstrosa*	
	NC_028060	*Camptonotus carolinensis*	
	NC_028063	*Henicus brevimucronatus*	
	MK903581	中华翡螽 *Phyllomimus sinicus*	
	NC_028062	*Comicus campestris*	裂跗螽总科
M-I-Q	KT345949	洁净蜚螽 *Phyllomimus detersus*	螽斯总科
E-S-N	JQ686193	澳洲油葫芦 *Teleogryllus commodus*	蟋蟀总科
	KU562918	*Velarifictorus hemelytrus*	螽斯总科

续表

位置	序列号	物种	备注
	KU562919	*Loxiblemmus equestris*	
	NC_011823	北京油葫芦 *Teleogryllus emma*	
	NC_028619	*Teleogryllus oceanicus*	
	MK903567	多伊棺头蟋 *Loxoblemmus doenitzi*	
	MK903574	银川油葫芦 *Teleogryllus infernalis*	
	MK903577	云斑金蟋 *Xenogryllus marmoratus*	
R-A	NC_028059	*Cyphoderris monstrosa*	
CR（D-Loop）	NC_021424	长裂华绿螽 *Sinochlora longifissa*	
	KC467056	*Sinochlora retrolateralis*	
trnM 的缺失	KT345951	山陵丽叶螽 *Orophyllus montanus*	
trnI 的缺失	NC_028062	*Comicus campestris*	
2 个 $trnL^{UAA}$	NC_011306	*Troglophilus neglectus*	

4.3　线粒体基因组的间隔区和重叠区

直翅目线粒体基因组中基因之间虽然排列紧密，但是基因与基因之间仍会存在一些基因间隔或者重叠。通过比对发现，基因之间的重叠区一般为 1 ~ 8 个碱基不等，较大的重叠区也一般在 *trnC* 与 *trnY*、*COX1* 与 $trnL^{UUR}$、*ND4L* 与 *trnT* 之间；142 个直翅目 mtDNA 中，大部分的 ATP8 的 3′ 末端都有一段 7 bp 的序列为 ATGATAA，如果 *ATP6* 都已 ATG 作为起始密码子，在这 142 个物种中只有青海痂蝗（*Bryodema miramae miramae*，KP889242）*ATP8* 和 *ATP6* 之间是 7 bp 的 ATTGAAA 间隔，变色乌蜢（*Erianthus versicolor*，NC_020045）是 6 bp 的 ATGAAC 间隔，其他均为 7 bp 的 ATGATAA 重叠，占 98.6%。而在 *trnW* 与 *trnC* 编码基因之间除了日本蚤蝼（*Tridactylus japonicus*）和斑腿栖螽（*Xizicus fascipes*，NC_018765）分别存在 2 bp 和 1 bp 的基因间隔外，大多数都是 8 bp 的基因重叠，占 98.6%，142 个物种中有 86 个是 AGGCCTTA，占 60.6%，其中蝗亚目物种有 78 个；此外螽亚目中 41 个物种有 18 个是 AAGCCTTA，其他出现次数较多的还有 AGGTCTTA（12 个）、AAACCTTA（8 个）等，但都是 8 bp。

基因间隔区一般在一到几十个碱基不等，较大的间隔区 *ND1* 与 *trnL*^{CUN} 之间。在 *ND4* 的 3′ 端和 ND4L 的 5′ 端与之间也存在比较保守的 7 bp 重叠区 TTAACAT，占 79.6%，除了突额无齿蝗（*Asseratus eminifrontus*）是 7 bp 重叠 CTAACAT，蚤蝼总科（*Mirhipipteryx andensis*，NC_028065）是 4 bp 重叠 CTAT，蚱总科的 *Trachytettix bufo*（JX913766）和大腹蝗科 *Physemacris variolosa*（NC_014491）是 6 bp 间隔 AAATT，蝗总科 *Xyleus modestus*（NC_014490）是 5 bp 间隔 ATACT，以及蝗总科 *Pyrgacris descampsi*（NC_020776）是 5 bp 间隔 AAACT；*trnK* 与 *ATP8* 之间通常有 20 bp 左右的基因间隔。

但也有一些基因间隔区比较长，比如：蝗总科 *Tristira magellanica*（NC_020773）和蚤蝼总科 *Mirhipipteryx andensis*（NC_028065）*ND2* 和 *trnW* 之间分别有 1 829 bp、649 bp 的基因间隔，驼螽科的 *Troglophilus neglectus*（NC_011306）*trnL*^{UUR} 与 *COX2* 之间存在一个 *trnL*^{UUR} 重复基因和一个 356 bp 的间隔区，蟋蟀科的 *Velarifictorus hemelytrus*（KU562918）*trnS*^{UCN} 与 *ND1* 之间存在 218 bp 的间隔区。另外，在 *trnM* 与 *ND2* 之间大多数不存在基因间隔或重叠，只有 12 个物种存在数目不等的基因间隔，其中蝗亚目 4 个、螽亚目 8 个。

4.4 线粒体基因组基因长度的变化

蛋白质编码基因相对于其他基因来说比较保守，长度变化不大，每一个基因会有不同的长度差异。用 MPV 值（Maximum percentage variation，%）=[Largest−Smallest]/Modal 来表示基因长度变化，Modal（ML）表示该基因的平均长度。结果显示 142 个物种 PCGs 长度变化最大的是 *ATP8*，最小的是 *COX1*（表 4-2）。基因长度越长，基因长度差异就越小。有研究认为基因长度变化与基因重排有关。

表 4-2　142 种直翅目 mtDNA 蛋白质编码基因长度变化

基因	MPV	ML
COX1	0.034	1538.000
CYTB	0.035	1139.000
ND5	0.036	1722.456

续表

基因	MPV	ML
COX2	0.044	684.500
ND2	0.059	1021.028
ND1	0.079	746.348
ATP6	0.080	677.838
ND4L	0.092	294.472
ND4	0.103	1332.000
COX3	0.116	790.810
ND3	0.127	353.190
ND6	0.144	520.567
ATP8	0.187	160.754

4.5　线粒体基因组碱基组成

用 MEGA X 软件计算 142 种直翅目昆虫 mtDNA 碱基组成，如图 4-3 所示，总的来看均是 A ＞ T ＞ C ＞ G，A+T 含量平均在 73.3%，具有明显的 AT 偏向性。同时也发现在这 142 个物种当中 A+T 含量最低是优雅蝈螽（*Gampsocleis gratiosa*，NC_011200）65.3%，最高的是秦岭蹦蝗（*Sinopodisma tsinlingensis*，KX857636）76.8%，同时发现蝗亚目物种的 AT 偏向性要明显高于螽亚目物种。对 142 个 mtDNA 数据的 AT 偏斜范围为 −0.01 ~ 0.21（图 4-4），发现 97.8% 的 AT 偏斜大于 0，出现 A 偏斜，但多数是轻微偏斜，只有蚤蝼总科的 *Mirhipipteryx andensis*（NC_028065）和日本纺织娘（*Mecopoda niponensis*，NC_021379）AT 偏斜率为 −0.01，极轻微的 T 偏斜；而长裂华绿螽（*Sinochlora longifissa*，NC_021424）AT 偏斜率为 0，A 等于 T；蟋蟀科的 *Trachytettix bufo*（JX913766）AT 偏斜最大为 0.21。全部的物种的 GC 偏斜均小于 0，范围是 −0.35 ~ −0.11，都是 C 偏斜，C 多于 G，其中绝对值最大的是半翅斗蟋（*Velarifictorus hemelytrus*，KU562918），最小的是郑氏比蜢（*Pielomastax zhengi*，NC_016182）。mtDNA 的 GC 含量没有反映出明显的分类学特征和进化关系。有研究推测碱基不对称突

变、选择压力以及线粒体在进行呼吸作用时活性氧等造成的损伤，是导致直翅目 mtDNA 的 A+T 含量普遍偏高的原因，鸟嘌呤被胸腺嘧啶所取代；还有人推测为了维持 DNA 双链的稳定性，昆虫 mtDNA 中的 C → T 突变导致的高 AT；另外一些研究表明密码子偏向性使用驱动 tRNA 反密码子的演变，导致 A+T 含量较高，但这些都还没有定论。

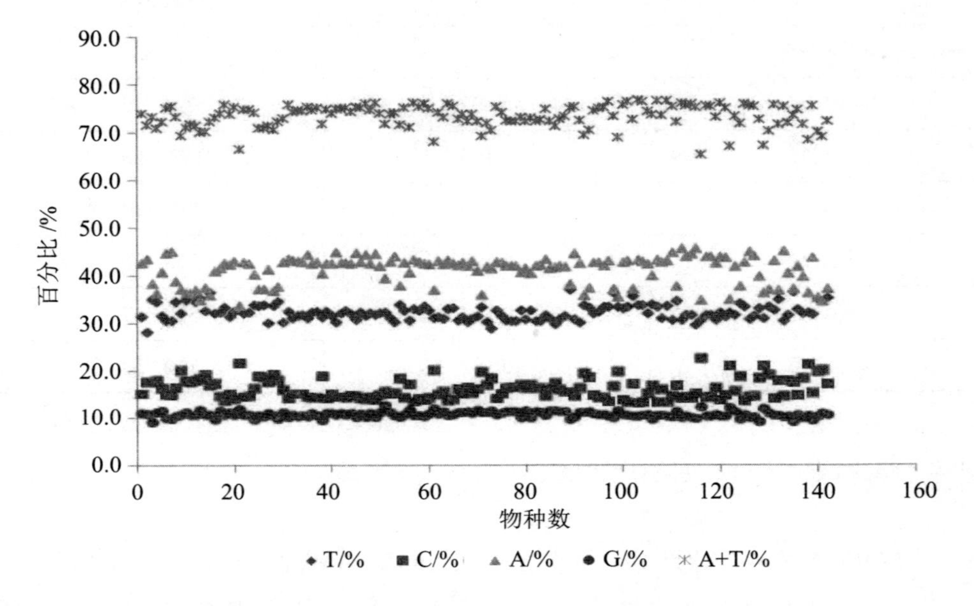

图 4-3　142 种直翅目 mtDNA 碱基组成

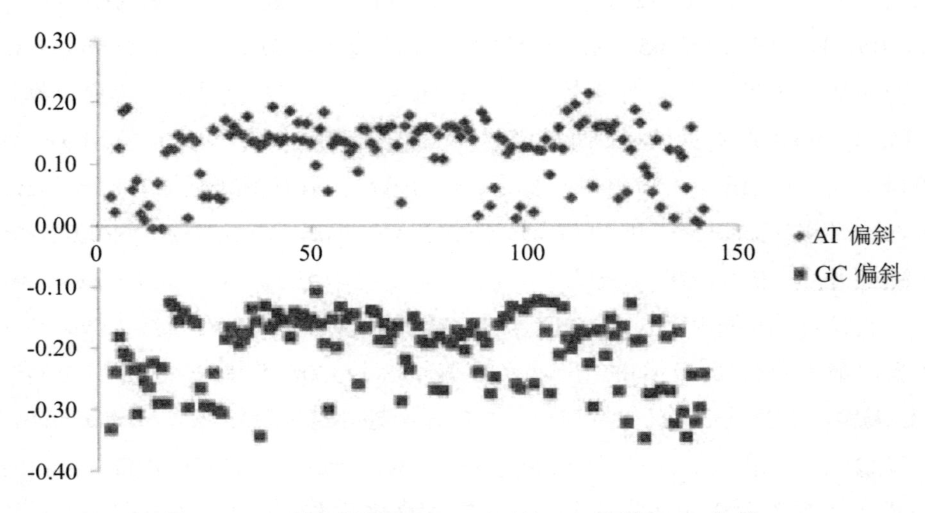

图 4-4　142 种直翅目 mtDNA（J 链）AT 偏斜和 GC 偏斜

4.6　线粒体基因组密码子组成

通过对 142 种直翅目 mtDNA 的比较，对 PCGs 的起始和终止密码子进行了分析。除了 *COX1* 之外，其他 12 个 PCGs 主要是 4 种典型的 ATN 作为起始密码子，此外还有 ATG（60.0%）、ATT（19.0%）、ATA（11.6%）、ATC（10.1%），TTG（1.5%）、GTG（0.9%）；而 *COX1* 的起始密码子比较多样，这一点在很多文献中都有提及，在这 142 个 mtDNA 中 *COX1* 的起始密码子按出现频率由大到小依次有 ATC（34.5%）、CCG（17.6%）、CAA（9.1%）、TTA（7.7%）、ACC（7.0%）、ATT（4.2%）、ATG（3.5%）、ACG（3.5%）、CTG（2.1%）、TCG（2.1%）、AAA（2.1%）、TCT（1.4%）、ACA（0.7%）、CTA（0.7%）、TAT（0.7%）、CGA（0.7%）、AAT（0.7%）、TGT（0.7%）、TTG（0.7%）；ATG 作为起始密码子在 *ATP6*、*COX2*、*COX3*、*CYTB*、*ND2*、*ND4*、*ND4L* 和 *ND6* 中都是使用最多的，而 *ND1* 的起始密码子使用最多的是 ATA，*ATP8* 使用最多的是 ATC，*ND5* 和 *ND3* 使用最多的是 ATT。另外 *ATP6* 的起始密码子最为保守，只有 ATA 和 ATG；*CYTB* 的起始密码子除了小蝻蝗科（Lentulidae）的 *Lentula callani*（NC_020774）是 ATT，脊蜢科 Chorotypidae 的 *Chorotypus fenestratus*（NC_028064）是 ATA，其他都是 ATG；非典型 ATN 起始密码子主要出现的 *ATP8*、*COX1*、*ND1*、*ND2*、*ND4*、*ND5* 和 *ND6* 中。

13 个 PCGs 的终止密码子除了典型的 TAA 和 TAG 之外，还有 T 和 TA，如图 4-5 所示，这些不完全的终止密码子可以在 RNA 形成过程中加上 polyA 尾巴变成完整的终止密码子。在 *COX1* 和 *ND5* 中终止密码子的使用以 T 最多，而 *ND1* 中使用最多的是 TAG，其他 PCGs 使用最多的均是 TAA。*ATP8* 的终止密码子最为保守，只有蚤蝼总科 Tridactyloidea 的 *Ellipes minuta*（NC_014488）、*Mirhipipteryx andensis*（NC_028065）、日本蚤蝼 *Tridactylus japonicus* 和螽斯总科 Tettigonioidea 的 *Tarragoilus diuturnus*（NC_021397）四个物种是 TAG，其他均为 TAA；其次是 *ND4L*，只有中华雏蝗（*Chorthippus chinensis*，NC_011095）是不完全终止密码子 T，突额无齿蝗 *Asseratus eminifrontus*、日本纺织娘（*Mecopoda niponensis*（NC_021379）和蚤蝼总科 Tridactyloidea 的 *Mirhipipteryx andensis*（NC_028065）是 TAG，其他均为 TAA。

除终止密码子外，密码子使用频率相对较多的是 TTA（L）、ATT（I）、TTT（F）、

ATA（M）、TAT（Y）、AAT（N）。第三位点是A或者T的密码子使用频率较高，密码子使用偏向性与密码子第三位点的AT偏向性表现出了一定的相关性。同时也可以看出线粒体基因组AT偏向性不仅体现在整个基因组中，同时也反映在蛋白质编码基因的密码子使用上。

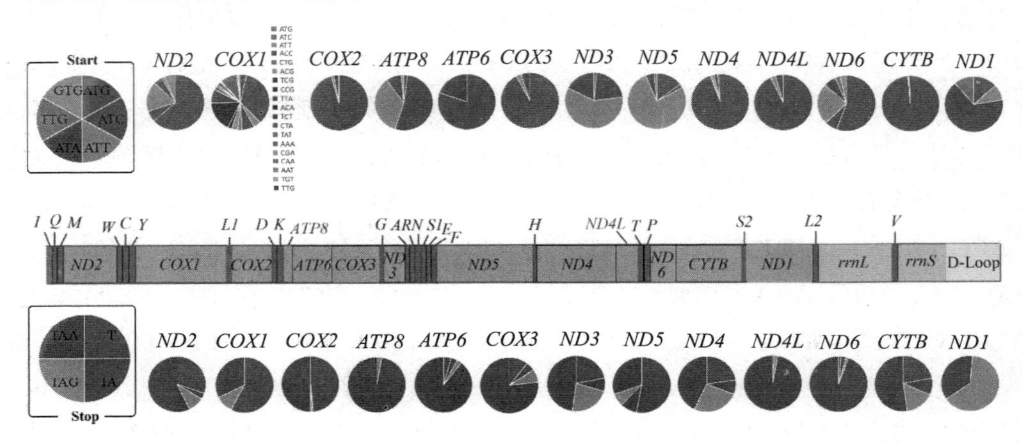

图4-5　142种直翅目mtDNA的13个PCGs起始和终止密码子的使用频率

4.7　线粒体基因组氨基酸组成

通过对142种直翅目线粒体基因组的氨基酸组成同样存在不均衡性。如图4-6所示，氨基酸含量最高的是亮氨酸（Leu），其次是异亮氨酸（Ile）、丝氨酸（Ser）、苯丙氨酸（Phe），在蝗亚目与螽亚目中也同样，与这些氨基酸相对应的密码子使用频率也相对较高。氨基酸使用主要和其编码的蛋白质功能相关，不同物种生活环境、生活习性、运动能力、免疫能力等都各不相同，所需要的蛋白质的功能也会有所差异，而氨基酸的使用是决定蛋白质功能的因素之一。直翅目线粒体基因组编码的蛋白质中含量较高的氨基酸大多是功能氨基酸，例如亮氨酸、异亮氨酸和苯丙氨酸都是疏水性氨基酸，这和线粒体基因组编码的蛋白质大多是跨膜蛋白有关；丝氨酸是极性氨基酸，是蛋白质的活性中心，有助于肌肉建设，亮氨酸可以有效防止肌肉损失。推测这些都与直翅目昆虫的运动能力强等功能有密切关系，体现出结构与功能的统一，也为后续蛋白质的研究提供一些线索。

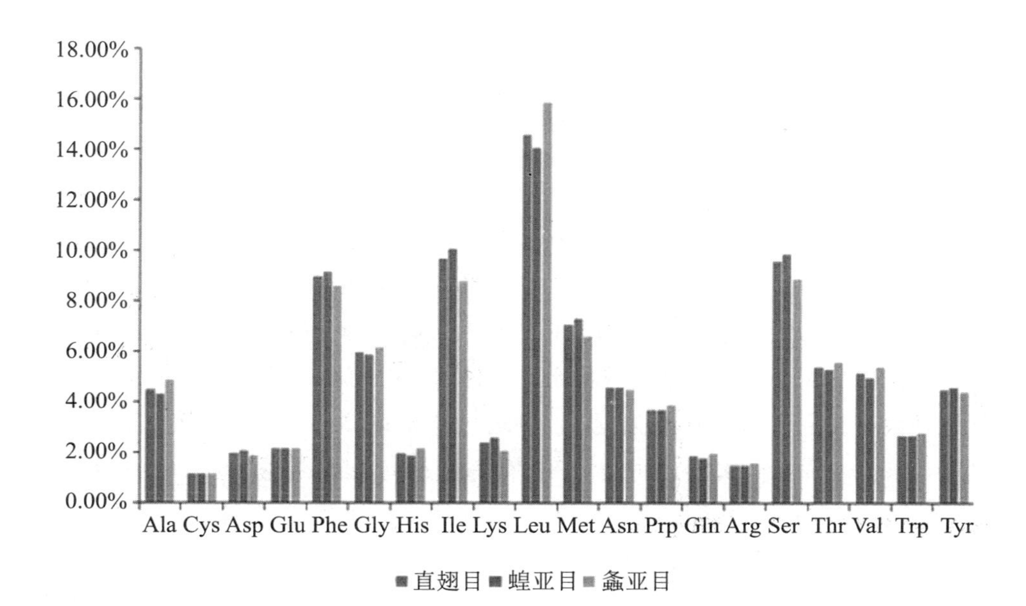

图 4-6　142 种直翅目 mtDNA 氨基酸组成

4.8　线粒体基因组 tRNA 基因与 rRNA 基因

几乎所有的直翅目物种的 *trnS*^{AGN} 都缺少 DHU 臂，当然其他的 tRNA 也有极少数的例外，比如霍山蹦蝗（*Sinopodisma houshana*）的 *trnP* 只有 58 bp，可变环（V）和 TΨC 臂不完整。另外，tRNA 在形成三叶草结构碱基配对时会发生一些错配，主要是 G-U 错配。有些物种在进行 tRNA 预测时出现 23 个 tRNA 基因，多出一个 tRNA-like，比如秦岭小蹦蝗 *Pedopodisma tsinlingensis*（KX857635）、无齿稻蝗（*Oxya adentata*）、亚洲飞蝗 *Locusta migratoria*（NC_011119）等（Zhang 等，2023；Zhong 等，2020），tRNA-like 可能由于复制过程中起始或终止位置发生错误或链滑动链错配引起的 mtDNA 的部分重复，并且可以参与翻译调节过程。

在 142 个直翅目物种中线粒体 *rrnL* 编码基因最长的是赤胫伪稻蝗（*Pseudoxya diminuta*（NC_025765）1 371 bp，最短的是蝼蛄科的 *Gryllotalpa pluvialis*（NC_011302）1 236 bp；*rrnS* 编码基因最长的是黑胫钩额草螽（*Ruspolia lineosa*）885 bp，最短的是黄脊竹蝗 *Ceracris kiangsu*（NC_019994）461 bp。通过比较 rRNA 二级结构发现，突变多发生在环区，茎区相对保守。

4.9 线粒体基因组 D-Loop 区比较

通过进一步的分析发现在这 142 条序列当中 D-Loop 区最短的是疑钩额螽 *Ruspolia dubia*（NC_009876，D-Loop 区长 70 bp，全长 14 971 bp），最长的是长裂华绿螽 *Sinochlora longifissa*（NC_021424，D-Loop 区长 3 122 bp，全长 18 133 bp），而且位置比较特殊，是在 *ND2* 与 *trnQ* 编码基因之间。与 Zhang 等（1995）描述的 8 个保守的结构域相比，在直翅目中同样有类似的保守区存在，只不过是数目或位置稍有不同，比如，长翅幽蝗 *Ognevia longipennis*（NC_013701）、小稻蝗 *Oxya intricata*（KP313875）、中华稻蝗 *Oxya chinensis*（NC_010219）、四川突额蝗 *Traulia szetschuanensis*（NC_013826）、比氏蹦蝗 *Sinopodisma pieli*（KX857633）、秦岭小蹦蝗 *Pedopodisma tsinlingensis*（KX857635）、西伯利亚蝗 *Gomphocerus sibiricus*（NC_021103）等，这些保守元件表明可能影响转录或者是复制的控制或具有其他方面重要的功能，但并不是所有物种都具有类似的保守区，尚需进一步研究。除了保守区域外，在直翅目 D-Loop 区还存在一些重复片段，比如，非洲飞蝗 *Locusta migratoria*（NC_001712）、云斑车蝗 *Gastrimargus marmoratus*（NC_011114）、亚洲小车蝗 *Oedaleus decorus asiaticus*（NC_011115）、亚洲飞蝗 *Locusta migratoria*（NC_011119）、东亚飞蝗 *Locusta migratoria manilensis*（NC_014891）、优雅蝈螽 *Gampsocleis gratiosa*（NC_011200）、北京油葫芦 *Teleogryllus emma*（NC_011823）、侧反华绿螽 *Sinochlora retrolateralis*（KC467056）、长裂华绿螽 *Sinochlora longifissa*（NC_021424）等，这些重复片段的数量和大小在一定程度上影响 D-Loop 区甚至整个 mtDNA 的长短。

有研究对双翅目、鳞翅目、鞘翅目和直翅目的四种不同昆虫物种的 mtDNA 的复制起点（OR）的精确位置进行了研究，发现尽管不同物种复制起点的位置不同，但在一些全变态昆虫 D-Loop 区中的 poly-T（T-strech）可能与 N 链的复制起始有关，而在半变态昆虫的 OR 的上游部分没有发现 poly-T 结构，这表明参与复制起始过程的调节序列在不同的昆虫中可能会随着进化而改变。在直翅目昆虫中同样也有相关的发现，并且 poly-T 所在的位置通常就是 Block E1 和 Block E2 形成发夹结构（茎环结构）的位置，一般 poly-T 大于 10 bp 认为与 N 链的复制起始有关，但在有些物种中 poly-T 会被碱基 C 打断，而有些物种存在茎环结构但不存在 poly-T，其作用机制可能会发生变化，或者在其他位置会有其他特殊的结构能够起到相同的作用。

第 5 章　直翅目线粒体谱系基因组学分析

5.1　数据来源

本章利用直翅目 171 个物种的 mtDNA 数据（13 个 PCGs 和 2 个 rRNAs 都完整）进行谱系基因组学分析，其中包括蝗亚目 6 个总科（蚤蝼总科 Tridactyloidea、蚱总科 Tetrigoidea、蜢总科 Eumastacoidea、牛蝗总科 Pneumoroidea、锥头蝗总科 Pyrgomorphoidea 和蝗总科 Acridoidea）11 个科（蚤蝼科 Tridactylidae、短足蝼科 Cylindrachetidae、蚱科 Tetrigidae、牛蝗科 Pneumoridae、枕蜢科 Episactidae、脊蜢科 Chorotypidae、锥头蝗科 Pyrgomorphidae、花癞蝗科 Romaleidae、针癞蝗科 Ommexechidae、癞蝗科 Pamphagidae 和蝗科 Acrididae）的 118 个物种，以及螽亚目 7 个总科（蟋蟀总科 Grylloidea、蝼蛄总科 Gryllotalpoidea、原螽总科 Hagloidea、驼螽总科 Rhaphidophoroidea、裂跗螽总科 Schizodactyloidea、沙螽总科 Stenopelmatoidea 和螽斯总科 Tettigonioidea）9 个科（蟋蟀科 Gryllidae、蝼蛄科 Gryllotalpidae、蚁蟋科 Myrmecophilidae、螽斯科 Tettigoniidae、沙螽科 Stenopelmatidae、裂跗螽科 Schizodactylidae、蟋螽科 Gryllacrididae、驼螽科 Rhaphidophoridae 和鸣螽科 Prophalangopsidae）的 53 个物种（Otte 分类系统）（Cigliano et al., 2023）（表 5-1）。

选择蜚蠊目的澳洲大蠊 *Periplaneta australasiae*（NC_034841）、等翅目的 *Embiratermes neotenicus*（NC_034930）和竹节虫目的粗粒皮竹节虫 *Phraortes illepidus*（NC_014695）的线粒体基因组作为外群，所有数据均可在 GenBank 数据库中下载（表 5-1）。

表 5-1 用于系统发生的直翅目 mtDNA 序列信息

GenBank 登录号	物种名	亚科	科	总科	亚目
NC_014887	*Acrida cinerea*	Acridinae	Acrididae	Acridoidea	Caelifera
NC_011303	*Acrida willemsei*	Acridinae	Acrididae	Acridoidea	Caelifera
NC_011827	*Phlaeoba albonema*	Acridinae	Acrididae	Acridoidea	Caelifera
MK903597	*Phlaeoba antennata*	Acridinae	Acrididae	Acridoidea	Caelifera
NC_031506	*Phlaeoba infumata*	Acridinae	Acrididae	Acridoidea	Caelifera
NC_029150	*Phlaeoba tenebrosa*	Acridinae	Acrididae	Acridoidea	Caelifera
MK903584	*Sinophlaeobabannaensis*	Acridinae	Acrididae	Acridoidea	Caelifera
NC_030626	*Calliptamus abbreviatus*	Calliptaminae	Acrididae	Acridoidea	Caelifera
NC_011305	*Calliptamus italicus*	Calliptaminae	Acrididae	Acridoidea	Caelifera
NC_029135	*Peripolus nepalensis*	Calliptaminae	Acrididae	Acridoidea	Caelifera
MK903559	*Choroedocus violaceipes*	Catantopinae	Acrididae	Acridoidea	Caelifera
MK903568	*Menglacris maculata*	Catantopinae	Acrididae	Acridoidea	Caelifera
MF113247	*Traulia minuta*	Catantopinae	Acrididae	Acridoidea	Caelifera
NC_013826	*Traulia szetschuanensis*	Catantopinae	Acrididae	Acridoidea	Caelifera
NC_021609	*Xenocatantops brachycerus*	Catantopinae	Acrididae	Acridoidea	Caelifera
NC_019993	*Chondracris rosea*	Cyrtacanthacridinae	Acrididae	Acridoidea	Caelifera

续表

GenBank 登录号	物种名	亚科	科	总科	亚目
MF113246	*Patanga japonica*	Cyrtacanthacridinae	Acrididae	Acridoidea	Caelifera
NC_013240	*Schistocerca gregaria gregaria*	Cyrtacanthacridinae	Acrididae	Acridoidea	Caelifera
NC_021610	*Shirakiacris shirakii*	Eyprepocnemidinae	Acrididae	Acridoidea	Caelifera
NC_013805	*Arcyptera coreana*	Gomphocerinae	Acrididae	Acridoidea	Caelifera
MK903586	*Chorthippus aethalinus*	Gomphocerinae	Acrididae	Acridoidea	Caelifera
MK903587	*Chorthippus brunneus huabeiensis*	Gomphocerinae	Acrididae	Acridoidea	Caelifera
NC_011095	*Chorthippus chinensis*	Gomphocerinae	Acrididae	Acridoidea	Caelifera
MK903588	*Chorthippus fallax*	Gomphocerinae	Acrididae	Acridoidea	Caelifera
MK903589	*Chorthippus nemus*	Gomphocerinae	Acrididae	Acridoidea	Caelifera
NC_014449	*Euchorthippus fusigeniculatus*	Gomphocerinae	Acrididae	Acridoidea	Caelifera
NC_014349	*Gomphocerippus rufus*	Gomphocerinae	Acrididae	Acridoidea	Caelifera
NC_013847	*Gomphocerus licenti*	Gomphocerinae	Acrididae	Acridoidea	Caelifera
MK903592	*Gomphocerus rufus*	Gomphocerinae	Acrididae	Acridoidea	Caelifera
NC_021103	*Gomphocerus sibiricus*	Gomphocerinae	Acrididae	Acridoidea	Caelifera
NC_015478	*Gomphocerus sibiricus tibetanus*	Gomphocerinae	Acrididae	Acridoidea	Caelifera
NC_029205	*Gonista bicolor*	Gomphocerinae	Acrididae	Acridoidea	Caelifera

续表

GenBank 登录号	物种名	亚科	科	总科	亚目
MK903593	*Leuconemacris breviptera*	Gomphocerinae	Acrididae	Acridoidea	Caelifera
MK903566	*Leuconemacris litangensis*	Gomphocerinae	Acrididae	Acridoidea	Caelifera
MK903594	*Mongolotettix anomopterus*	Gomphocerinae	Acrididae	Acridoidea	Caelifera
MK903569	*Mongolotettix japonicus*	Gomphocerinae	Acrididae	Acridoidea	Caelifera
MK903595	*Myrmeleotettix* sp.	Gomphocerinae	Acrididae	Acridoidea	Caelifera
MK903583	*Notostaurus albicornis albicornis*	Gomphocerinae	Acrididae	Acridoidea	Caelifera
MK903570	*Omocestus haemorrhoidalis*	Gomphocerinae	Acrididae	Acridoidea	Caelifera
MK903596	*Omocestus petraeus*	Gomphocerinae	Acrididae	Acridoidea	Caelifera
NC_023467	*Orinhippus tibetanus*	Gomphocerinae	Acrididae	Acridoidea	Caelifera
NC_023919	*Pacris xizangensis*	Gomphocerinae	Acrididae	Acridoidea	Caelifera
MK903564	*Hieroglyphus annulicornis*	Hemiacridinae	Acrididae	Acridoidea	Caelifera
NC_030587	*Hieroglyphus tonkinensis*	Hemiacridinae	Acrididae	Acridoidea	Caelifera
MK903556	*Aserratus eminifrontus*	Melanoplinae	Acrididae	Acridoidea	Caelifera
NC_031397	*Curvipennis wixiensis*	Melanoplinae	Acrididae	Acridoidea	Caelifera
KU668856	*Fruhstorferiola huayinensis*	Melanoplinae	Acrididae	Acridoidea	Caelifera
NC_026716	*Fruhstorferiola kulinga*	Melanoplinae	Acrididae	Acridoidea	Caelifera

续表

GenBank 登录号	物种名	亚科	科	总科	亚目
KU942377	*Fruhstorferiola tonkinensis*	Melanoplinae	Acrididae	Acridoidea	Caelifera
NC_023920	*Kingdonella bicollina*	Melanoplinae	Acrididae	Acridoidea	Caelifera
MK903565	*Kingdonella pienbaensis*	Melanoplinae	Acrididae	Acridoidea	Caelifera
NC_013701	*Ognevia longipennis*	Melanoplinae	Acrididae	Acridoidea	Caelifera
KX857635	*Pedopodisma tsinlingensis*	Melanoplinae	Acrididae	Acridoidea	Caelifera
NC_013835	*Prumna arctica*	Melanoplinae	Acrididae	Acridoidea	Caelifera
KM363599	*Qinlingacris elaeodes*	Melanoplinae	Acrididae	Acridoidea	Caelifera
NC_027187	*Qinlingacris taibaiensis*	Melanoplinae	Acrididae	Acridoidea	Caelifera
KX857634	*Sinopodisma houshana*	Melanoplinae	Acrididae	Acridoidea	Caelifera
KX857633	*Sinopodisma pieli*	Melanoplinae	Acrididae	Acridoidea	Caelifera
KX857636	*Sinopodisma qinlingensis*	Melanoplinae	Acrididae	Acridoidea	Caelifera
KX857637	*Sinopodisma wulingshana*	Melanoplinae	Acrididae	Acridoidea	Caelifera
NC_032716	*Tonkinacris sinensis*	Melanoplinae	Acrididae	Acridoidea	Caelifera
KX296781	*Yunnanacris wenshanensis*	Melanoplinae	Acrididae	Acridoidea	Caelifera
NC_030586	*Yunnanacris yunnaneus*	Melanoplinae	Acrididae	Acridoidea	Caelifera
MK903579	*Zubovskia koeppeni*	Melanoplinae	Acrididae	Acridoidea	Caelifera

续表

GenBank 登录号	物种名	亚科	科	总科	亚目
MK903555	*Aiolopus tamulus*	Oedipodinae	Acrididae	Acridoidea	Caelifera
NC_034674	*Aiolopus thalassinus*	Oedipodinae	Acrididae	Acridoidea	Caelifera
NC_025558	*Angaracris barabensis*	Oedipodinae	Acrididae	Acridoidea	Caelifera
NC_025946	*Angaracris rhodopa*	Oedipodinae	Acrididae	Acridoidea	Caelifera
HQ833839	*Bryodema luctuosum luctuosum*	Oedipodinae	Acrididae	Acridoidea	Caelifera
KP889242	*Bryodema miramae miramae*	Oedipodinae	Acrididae	Acridoidea	Caelifera
MK903585	*Ceracris fasciata fasciata*	Oedipodinae	Acrididae	Acridoidea	Caelifera
NC_019994	*Ceracris kiangsu*	Oedipodinae	Acrididae	Acridoidea	Caelifera
MK903558	*Ceracris nigricornis nigricornis*	Oedipodinae	Acrididae	Acridoidea	Caelifera
NC_025285	*Ceracris versicolor*	Oedipodinae	Acrididae	Acridoidea	Caelifera
NC_029408	*Compsorhipis davidiana*	Oedipodinae	Acrididae	Acridoidea	Caelifera
NC_011114	*Gastrimargus marmoratus*	Oedipodinae	Acrididae	Acridoidea	Caelifera
NC_001712	*Locusta migratoria*	Oedipodinae	Acrididae	Acridoidea	Caelifera
NC_014891	*Locusta migratoria manilensis*	Oedipodinae	Acrididae	Acridoidea	Caelifera
NC_011119	*Locusta migratoria migratoria*	Oedipodinae	Acrididae	Acridoidea	Caelifera
NC_015624	*Locusta migratoria tibetensis*	Oedipodinae	Acrididae	Acridoidea	Caelifera

续表

GenBank 登录号	物种名	亚科	科	总科	亚目
NC_011115	*Oedaleus decorus asiaticus*	Oedipodinae	Acrididae	Acridoidea	Caelifera
NC_029327	*Oedaleus infernalis*	Oedipodinae	Acrididae	Acridoidea	Caelifera
NC_035227	*Pternoscirta caliginosa*	Oedipodinae	Acrididae	Acridoidea	Caelifera
MK903576	*Trilophidia annulata*	Oedipodinae	Acrididae	Acridoidea	Caelifera
MF095791	*Caryanda elegans*	Oxyinae	Acrididae	Acridoidea	Caelifera
MK903571	*Oxya adentata*	Oxyinae	Acrididae	Acridoidea	Caelifera
NC_010219	*Oxya chinesis*	Oxyinae	Acrididae	Acridoidea	Caelifera
KP313875	*Oxya hyla intricata*	Oxyinae	Acrididae	Acridoidea	Caelifera
NC_025765	*Pseudoxya diminuta*	Oxyinae	Acrididae	Acridoidea	Caelifera
KM588074	*Spathosternum prasiniferum sinense*	Spathosterninae	Acrididae	Acridoidea	Caelifera
NC_020778	*Ommexecha virens*	Ommexechinae	Ommexechidae	Acridoidea	Caelifera
NC_025904	*Asiotmethis jubatus*	Thrinchinae	Pamphagidae	Acridoidea	Caelifera
NC_020328	*Asiotmethis zacharjini*	Thrinchinae	Pamphagidae	Acridoidea	Caelifera
NC_024923	*Filchnerella beicki*	Thrinchinae	Pamphagidae	Acridoidea	Caelifera
NC_020329	*Filchnerella helanshanensis*	Thrinchinae	Pamphagidae	Acridoidea	Caelifera
MK903590	*Filchnerella kukunoris*	Thrinchinae	Pamphagidae	Acridoidea	Caelifera

续表

GenBank 登录号	物种名	亚科	科	总科	亚目
MK903591	*Filchnerella sunanensis*	Thrinchinae	Pamphagidae	Acridoidea	Caelifera
MK903560	*Filchnerella yongdengensis*	Thrinchinae	Pamphagidae	Acridoidea	Caelifera
MK903563	*Haplotropis brunneriana*	Thrinchinae	Pamphagidae	Acridoidea	Caelifera
NC_023535	*Humphaplotropis culaishanensis*	Thrinchinae	Pamphagidae	Acridoidea	Caelifera
NC_020330	*Pseudotmethis rubimarginis*	Thrinchinae	Pamphagidae	Acridoidea	Caelifera
MK903573	*Sinotmethis amicus*	Thrinchinae	Pamphagidae	Acridoidea	Caelifera
NC_026525	*Sinotmethis brachypterus*	Thrinchinae	Pamphagidae	Acridoidea	Caelifera
NC_014610	*Thrinchus schrenkii*	Thrinchinae	Pamphagidae	Acridoidea	Caelifera
NC_014490	*Xyleus modestus*	Romaleinae	Romaleidae	Acridoidea	Caelifera
NC_020045	*Erianthus versicolor*	Erianthinae	Chorotypidae	Eumastacoidea	Caelifera
NC_016182	*Pielomastax zhengi*	Episactinae	Episactidae	Eumastacoidea	Caelifera
NC_014491	*Physemacris variolosa*		Pneumoridae	Pneumoroidea	Caelifera
NC_011824	*Atractomorpha sinensis*	Pyrgomorphinae	Pyrgomorphidae	Pyrgomorphoidea	Caelifera
NC_014450	*Mekongiana xiangchengensis*	Pyrgomorphinae	Pyrgomorphidae	Pyrgomorphoidea	Caelifera
NC_023921	*Mekongiella kingdoni*	Pyrgomorphinae	Pyrgomorphidae	Pyrgomorphoidea	Caelifera
NC_014451	*Mekongiella xizangensis*	Pyrgomorphinae	Pyrgomorphidae	Pyrgomorphoidea	Caelifera

续表

GenBank 登录号	物种名	亚科	科	总科	亚目
MK903578	*Yunnanites coriacea*	Pyrgomorphinae	Pyrgomorphidae	Pyrgomorphoidea	Caelifera
NC_018542	*Alulatettix yunnanensis*	Tetriginae	Tetrigidae	Tetrigoidea	Caelifera
NC_018543	*Tetrix japonica*	Tetriginae	Tetrigidae	Tetrigoidea	Caelifera
KM657334	*Cylindraustralia* sp.		Cylindrachetidae	Tridactyloidea	Caelifera
NC_014488	*Ellipes minuta*	Tridactylinae	Tridactylidae	Tridactyloidea	Caelifera
MK903575	*Xya japonica*	Tridactylinae	Tridactylidae	Tridactyloidea	Caelifera
MK903577	*Xenogryllus marmoratus*	Eneopterinae	Gryllidae	Grylloidea	Ensifera
MK903567	*Loxoblemmus doenitzi*	Gryllinae	Gryllidae	Grylloidea	Ensifera
NC_030763	*Loxoblemmus equestris*	Gryllinae	Gryllidae	Grylloidea	Ensifera
JQ686193	*Teleogryllus commodus*	Gryllinae	Gryllidae	Grylloidea	Ensifera
NC_011823	*Teleogryllus emma*	Gryllinae	Gryllidae	Grylloidea	Ensifera
MK903574	*Teleogryllus infernalis*	Gryllinae	Gryllidae	Grylloidea	Ensifera
NC_028619	*Teleogryllus oceanicus*	Gryllinae	Gryllidae	Grylloidea	Ensifera
NC_030762	*Velarifictorus hemelytrus*	Gryllinae	Gryllidae	Grylloidea	Ensifera
NC_034799	*Oecanthus sinensis*	Oecanthinae	Gryllidae	Grylloidea	Ensifera
NC_034797	*Truljalia hibinonis*	Podoscirtinae	Gryllidae	Grylloidea	Ensifera

续表

GenBank 登录号	物种名	亚科	科	总科	亚目
NC_006678	*Gryllotalpa orientalis*	Gryllotalpinae	Gryllotalpidae	Gryllotalpoidea	Ensifera
NC_011302	*Gryllotalpa pluvialis*	Gryllotalpinae	Gryllotalpidae	Gryllotalpoidea	Ensifera
MK903562	*Gryllotalpa* sp.	Gryllotalpinae	Gryllotalpidae	Gryllotalpoidea	Ensifera
KC894752	*Gryllotalpa unispina*	Gryllotalpinae	Gryllotalpidae	Gryllotalpoidea	Ensifera
NC_011301	*Myrmecophilus manni*	Myrmecophilinae	Myrmecophilidae	Gryllotalpoidea	Ensifera
NC_021397	*Tarragoilus diuturnus*	Prophalangopsinae	Prophalangopsidae	Hagloidea	Ensifera
NC_011306	*Troglophilus neglectus*	Troglophilinae	Rhaphidophoridae	Rhaphidophoroidea	Ensifera
NC_028062	*Comicus campestris*	Comicinae	Schizodactylidae	Schizodactyloidea	Ensifera
NC_028060	*Camptonotus carolinensis*	Gryllacridinae	Gryllacrididae	Stenopelmatoidea	Ensifera
NC_028058	*Stenopelmatus fuscus*	Stenopelmatinae	Stenopelmatidae	Stenopelmatoidea	Ensifera
NC_011813	*Deracantha onos*	Bradyporinae	Tettigoniidae	Tettigonioidea	Ensifera
NC_033987	*Conanalus pieli*	Conocephalinae	Tettigoniidae	Tettigonioidea	Ensifera
NC_016696	*Conocephalus maculatus*	Conocephalinae	Tettigoniidae	Tettigonioidea	Ensifera
NC_009876	*Ruspolia dubia*	Conocephalinae	Tettigoniidae	Tettigonioidea	Ensifera
MK903572	*Ruspolia lineosa*	Conocephalinae	Tettigoniidae	Tettigonioidea	Ensifera
NC_033983	*Hexacentrus japonicus*	Hexacentrinae	Tettigoniidae	Tettigonioidea	Ensifera

续表

GenBank 登录号	物种名	亚科	科	总科	亚目
NC_033981	*Decma fissa*	Meconematinae	Tettigoniidae	Tettigonioidea	Ensifera
MK903580	*Nipponomeconema sinica*	Meconematinae	Tettigoniidae	Tettigonioidea	Ensifera
NC_018765	*Xizicus fascipes*	Meconematinae	Tettigoniidae	Tettigonioidea	Ensifera
NC_021380	*Mecopoda elongata*	Mecopodinae	Tettigoniidae	Tettigonioidea	Ensifera
NC_021379	*Mecopoda niponensis*	Mecopodinae	Tettigoniidae	Tettigonioidea	Ensifera
NC_033993	*Holochlora fruhstorferi*	Phaneropterinae	Tettigoniidae	Tettigonioidea	Ensifera
NC_021424	*Sinochlora longifissa*	Phaneropterinae	Tettigoniidae	Tettigonioidea	Ensifera
KC467056	*Sinochlora retrolateralis*	Phaneropterinae	Tettigoniidae	Tettigonioidea	Ensifera
NC_034994	*Sinochlora szechwanensis*	Phaneropterinae	Tettigoniidae	Tettigonioidea	Ensifera
MK903598	*Sinochlora sinensis*	Phaneropterinae	Tettigoniidae	Tettigonioidea	Ensifera
NC_028160	*Ruidocollaris obscura*	Phaneropterinae	Tettigoniidae	Tettigonioidea	Ensifera
NC_031652	*Ducetia japonica*	Phaneropterinae	Tettigoniidae	Tettigonioidea	Ensifera
NC_014289	*Elimaea cheni*	Phaneropterinae	Tettigoniidae	Tettigonioidea	Ensifera
NC_028159	*Kuwayamaea brachyptera*	Phaneropterinae	Tettigoniidae	Tettigonioidea	Ensifera
KM657340	*Phaneroptera gracilis*	Phaneropterinae	Tettigoniidae	Tettigonioidea	Ensifera
KM657331	*Phaneroptera nigroantennata*	Phaneropterinae	Tettigoniidae	Tettigonioidea	Ensifera

续表

GenBank 登录号	物种名	亚科	科	总科	亚目
KX057714	*Orophyllus montanus*	Pseudophyllinae	Tettigoniidae	Tettigonioidea	Ensifera
KT345949	*Phyllomimus detersus*	Pseudophyllinae	Tettigoniidae	Tettigonioidea	Ensifera
MK903581	*Phyllomimus sinicus*	Pseudophyllinae	Tettigoniidae	Tettigonioidea	Ensifera
NC_034773	*Pseudophyllus titan*	Pseudophyllinae	Tettigoniidae	Tettigonioidea	Ensifera
MK903561	*Gampsocleis sedakovii*	Tettigoniinae	Tettigoniidae	Tettigonioidea	Ensifera
NC_009967	*Anabrus simplex*	Tettigoniinae	Tettigoniidae	Tettigonioidea	Ensifera
MK903557	*Atlanticus sinensis*	Tettigoniinae	Tettigoniidae	Tettigonioidea	Ensifera
NC_011200	*Gampsocleis gratiosa*	Tettigoniinae	Tettigoniidae	Tettigonioidea	Ensifera
NC_033986	*Metrioptera bonneti*	Tettigoniinae	Tettigoniidae	Tettigonioidea	Ensifera
KX057727	*Tettigonia chinensis*	Tettigoniinae	Tettigoniidae	Tettigonioidea	Ensifera
NC_026231	*Uvarovites inflatus*	Tettigoniinae	Tettigoniidae	Tettigonioidea	Ensifera
NC_034841	*Periplaneta australasiae*		Blattinae	Blattidae	Blattoidae
NC_034930	*Embiratermes neotenicus*		Syntermitinae	Termitidae	Termitoidae
NC_014695	*Phraortes illepidus*		Lonchodinae	Phasmatidae	

5.2 数据集的构建与评估

利用线粒体基因组 13 个蛋白质编码基因和 2 个 rRNA 基因构建联合数据集（13 PCGs + 2 rRNAs），用于后续分析。在进行系统发生分析前，首先要对单基因数据集进行比对，然后串联成联合数据集，在对联合数据集进行数据集异质性和碱基替换饱和进行了分析。

（1）创建联合数据集。使用 MEGA X 将每一个蛋白质编码基因先翻译成蛋白质进行比对，然后转换为核酸，去掉所有的终止密码子后手工校对保存。RNA 基因用 ClustalX2 比对并保存。然后用 SequenceMatrix-Windows-1.7.8 分别联合成需要的数据集。

（2）序列组成异质性分析。利用各数据集（包括外群）的 .fas 格式的文件通过 AliGROOVE（Kück 等，2014）软件对序列异质性进行了分析，序列之间异质性越大，颜色越红，差异最大值为 -1，异质性越小，颜色越蓝，差异最小值为 +1。若结果中大多数呈现蓝色则适合用于构建系统发生关系，反之，则不适合。

（3）碱基替换饱和性分析。利用 MEGA X 对数据集进行替换饱和分析。利用 DAMBE 软件计算了替换饱和指数（I_{ss}，$I_{ss.c}$），比较替换饱和指数，如果 I_{ss} 值小于 $I_{ss.c}$ 值，表示未达到替换饱和，适合用于系统发生分析，反之，则不适合。

5.3 进化模型选择

数据集经过评估可以用于系统发生分析，则需要进行数据集进化模型的选择。将 mtDNA 数据利用 SequenceMatrix 软件联合成数据集时，除了输出 .nexus 和 .phy 格式的建树文件外，还要输出包含数据集中所有基因起始和终止位置信息的文件。在输入配置文件 partition_finder.cfg 中的 data_blocks 下输入基因起始和终止位置信息，并将蛋白质编码基因按密码子第 1、2、3 位划分，tRNA 和 rRNA 直接按基因划分。根据建树方法不同设置 partition_finder.cfg 文件的其他参数。在 cmd.exe 命令行程序中调用 PartitionFinder 软件，并导入修改好的 partition_finder.cfg 文件，采用启发式算法运行即可。最优分区和各分区的最优模型都可以在最终生成的 best_scheme.txt 文件中得到。

5.4 系统发生树的构建

分别采用最大似然法（Maximum likelihood，ML）和贝叶斯推断法（Bayesain inference，BI）构建系统发生树。

（1）最大似然法建树。将模型选择结果中 best_scheme.txt 文件中最优分区结果储存为 part 文件，与建树文件 *.phy 和 RAxML-7.0.3-WIN 应用程序放在同一文件夹下，通过 cmd.exe 命令行程序调用 RAxML 程序，然后调入建树文件，并按照“RAxML-7.0.3-WIN.exe -f a -x 81627 -p 43950 -# 1000 -s *.phy -n ml -o outgroup -m model -q part”的格式编辑命令并输入，1 000 次自举检验，运行即可。

（2）贝叶斯法建树。将 best_scheme.txt 文件中最优分区、分区模型以及分区数量输入到建树命令中，以随机树为起始树，马尔可夫链（1 条冷链，3 条热链）运行 200 万代，且每 100 代抽样 1 次，舍弃前 1 000 个老化样本。具体命令如下：

```
BEGIN MRBAYES;
outgroup NC_014695;
outgroup NC_034841;
outgroup NC_034930;
log start filename=log.txt;
Prset statefreqpr=dirichlet(1,1,1,1);
charset p1 = 1-1256;
charset p2 = 1257-3380;
charset p3 = 3381-4109\3 11085-11480\3;
charset p4 = 3382-4109\3 4285-6047\3 6049-6779\3 6781-7676\3 7678-8867\3;
charset p5 = 3383-4109\3 6050-6779\3 6782-7676\3 7679-8867\3 11087-11480\3;
charset p6 = 4110-4283\3 4111-4283\3 9924-11084\3 15201-15845\3;
charset p7 = 4112-4283\3 15203-15845\3;
charset p8 = 4284-6047\3;
charset p9 = 4286-6047\3;
charset p10 = 6048-6779\3 6780-7676\3 7677-8867\3;
charset p11 = 8868-9923\3 11481-12965\3 12966-13274\3 13275-15200\3;
charset p12 = 8869-9923\3 11482-12965\3 12967-13274\3 13276-15200\3;
```

```
charset p13 = 8870-9923\3 11483-12965\3 12968-13274\3 13277-15200\3;
charset p14 = 9925-11084\3 11086-11480\3 15202-15845\3;
charset p15 = 9926-11084\3;
partition 15taxa = 15:p1,p2,p3,p4,p5,p6,p7,p8,p9,p10,p11,p12,p13,p14,p15;
set partition=15taxa;
lset applyto=(1,2,3,6,7,10,11,12,13) nst=6 rates=gamma;
lset applyto=(4,5,8,9,14,15) nst=6 rates=invgamma;
prset ratepr=variable;
mcmc nruns=2 ngen=4000000 printfreq=100 samplefreq=100 nchain=4 starttree=random diagnfreq=1000;
sump;
sumt burnin=4000;
END;
```

将所有命令粘贴到 *.nexus 文件最后，并与 MrBayes 软件放在同一文件夹下。打开 MrBayes v3.2 应用程序，输入修改好的 *.nexus 文件运行即可。

（3）系统发生树的查看和编辑。最终的系统发育树使用 iTOL（Letunic and Bork, 2019）（https://itol.embl.de/itol.cgi） 和 FigTree（http://tree.bio.ed.ac.uk/software/figtree/）软件进行美化。

5.5 直翅目线粒体谱系基因组学分析结果与讨论

5.5.1 数据集异质性分析

序列异质性分析结果如图 5-1 所示，所有数据集中序列两两之间的异质性均呈现蓝色，且蓝色颜色较浅的地方多集中在外群与其他序列之间，数据集异质性较低适合用于构建系统发生树。

5.5.2 碱基替换饱和性分析

碱基替换饱和性分析结果如图 5-2 所示，各个数据集序列的转换（Ts）和颠换（Tv）呈线性增长，并没有达到饱和（图 5-2）。I_{ss}（0.751）$<I_{ss.c}$（0.819），这表明所有数据集都没有出现取代饱和，进一步表明没有数据集达到替换饱和，适合用于系统发生分析。

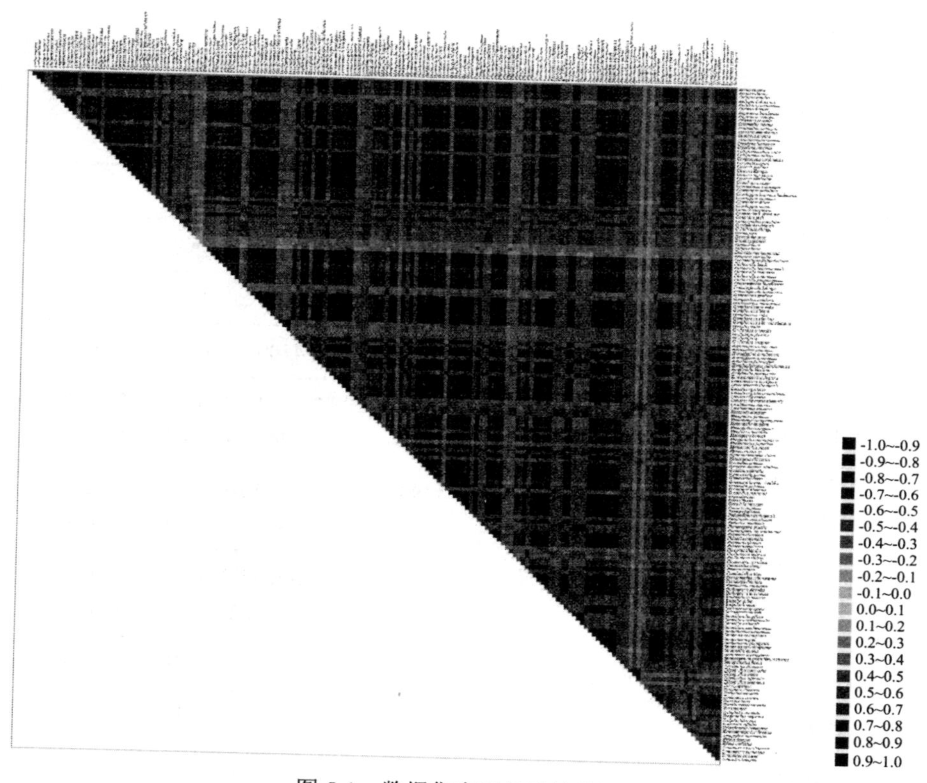

图 5-1 数据集序列异质性分析

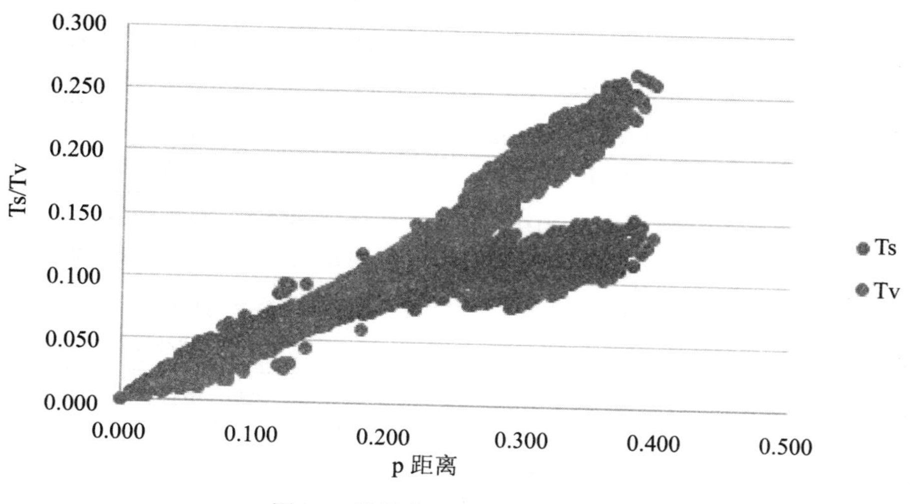

图 5-2 数据集碱基替换饱和性分析

5.5.3 模型选择结果

分区进化模型选择结果显示，数据集共划分为15个分区，最优模型均为GTR+I+G或GTR+G（表5-2）。

表5-2 最优分区模型

分区	最佳模型	分区的子集	分区位置
1	GTR+I+G	12s rRNA	1-1256
2	GTR+I+G	16s rRNA	1257-3380
3	GTR+I+G	*ATP61*、*ND31*	3381-4109\3、11085-11480\3
4	GTR+G	*ATP62*、*COX12*、*COX22*、*COX32*、*CYTB2*	3382-4109\3、4285-6047\3、6049-6779\3、6781-7676\3、7678-8867\3
5	GTR+G	*ATP63*、*COX23*、*COX33*、*CYTB3*、*ND33*	3383-4109\3、6050-6779\3、6782-7676\3、7679-8867\3、11087-11480\3
6	GTR+I+G	*ATP81*、*ATP82*、*ND21*、*ND61*	4110-4283\3、4111-4283\3、9924-11084\3、15201-15845\3
7	GTR+I+G	*ATP83*、*ND63*	4112-4283\3、15203-15845\3
8	GTR+G	*COX11*	4284-6047\3
9	GTR+G	*COX13*	4286-6047\3
10	GTR+I+G	*COX21*、*COX31*、*CYTB1*	6048-6779\3、6780-7676\3、7677-8867\3
11	GTR+I+G	*ND11*、*ND41*、*ND4L1*、*ND51*	8868-9923\3、11481-12965\3、12966-13274\3、13275-15200\3
12	GTR+I+G	*ND12*、*ND42*、*ND4L2*、*ND52*	8869-9923\3、11482-12965\3、12967-13274\3、13276-15200\3
13	GTR+I+G	*ND13*、*ND43*、*ND4L3*、*ND53*	8870-9923\3、11483-12965\3、12968-13274\3、13277-15200\3
14	GTR+G	*ND22*、*ND32*、*ND62*	9925-11084\3、11086-11480\3、15202-15845\3
15	GTR+G	*ND23*	9926-11084\3

5.5.4 直翅目系统发生结果与讨论

近年来，许多研究使用线粒体基因组序列来推断直翅目的系统发生，并将其分为两个亚目，本章系统发生分析结果中BI树和ML树的拓扑结构也均显示直翅目明显分为两大分支：蝗亚目 Caelifera 和螽亚目 Ensifera（图 5-3 和图 5-4）。

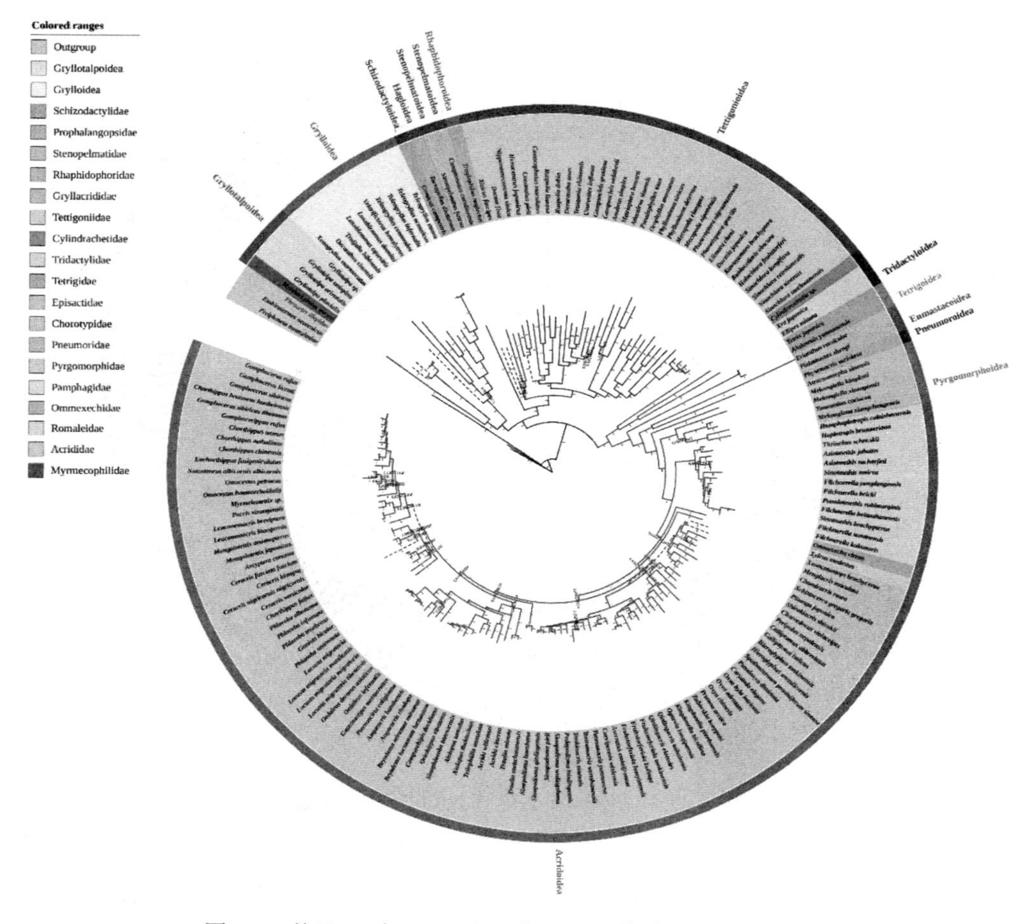

图 5-3　基于 13 个 PCGs 和 2 个 rRNAs 构建的直翅目 BI 树

在螽亚目中，7 个总科之间的亲缘关系为：（（（螽斯总科 +（（（驼螽总科 + 沙螽总科）+ 沙螽总科）+ 原螽总科））+ 裂跗螽总科）+（蟋蟀总科 + 蝼蛄总科））。螽亚目的系统发生多年来一直存在争议，许多假说都是基于不同的性状系统提出的。螽亚目主要分为两个下目：蟋蟀下目（Gryllidea，grylloid）和螽斯下目（Tettigoniidea，non-grylloid）。在蟋蟀下目中包含两个总科：蟋蟀总科（Grylloidea）与蝼蛄总科（Gryllotalpoidea）。本章分析结果认为蟋蟀总科和蝼蛄总科互为姐妹群，这两个总科之间的关系在不同研究结果中并不一致。

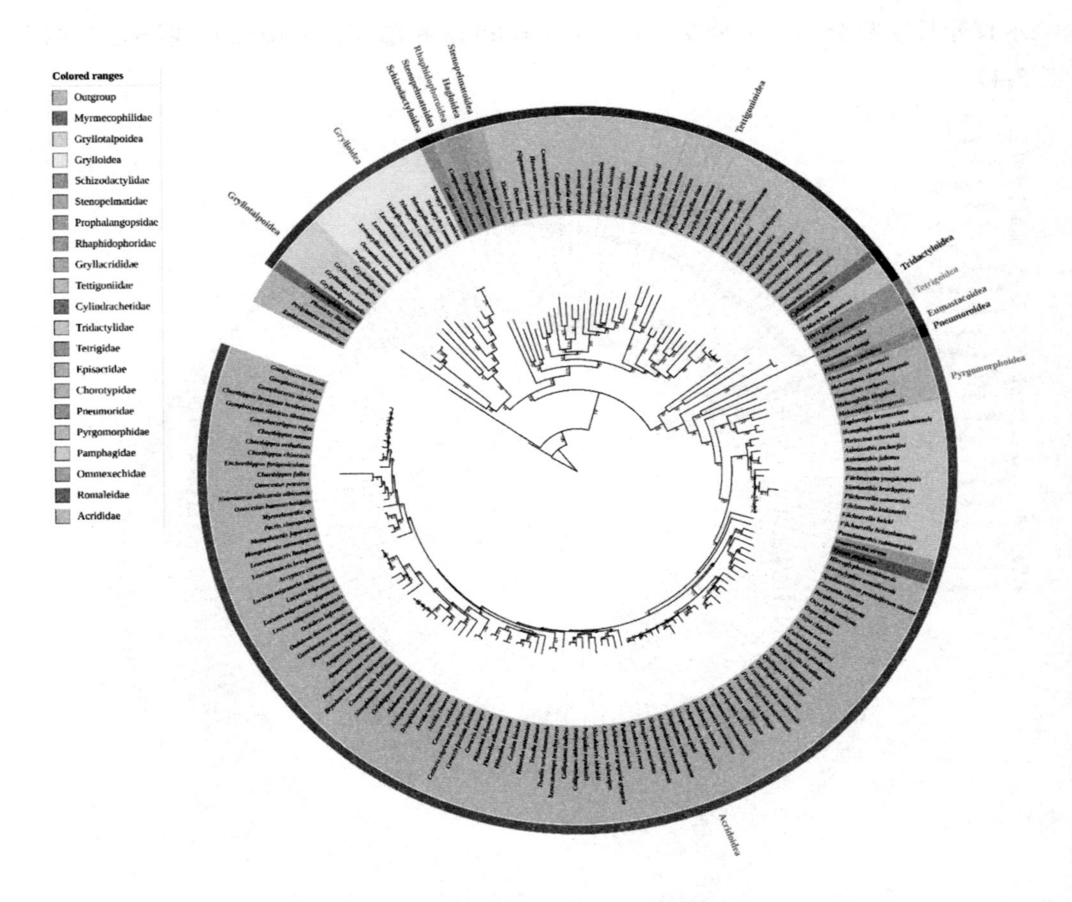

图 5-4 基于 13 个 PCGs 和 2 个 rRNAs 构建的直翅目 ML 树

在 OSF 分类系统蟋蟀总科现存的科有蟋蟀科（Gryllidae，crickets）、癞蟋科（Mogoplistidae，scaly crickets）、蛛蟋科（Phalangopsidae，ambidextrous crickets）和蛉蟋科（Trigonidiidae），蝼蛄总科包括蝼蛄科（Gryllotalpidae，mole crickets）和蚁蟋科（Myrmecophilidae，ant-lovingcrickets）。以往大部分研究结果支持蝼蛄科和蚁蟋科的姐妹群关系，进而支持蝼蛄总科的单系性和蝼蛄总科与蟋蟀总科的姐妹群关系（Chang et al., 2020; Song et al., 2015; Zhou et al., 2017）。对线粒体 PCGs 实施不分区的进化模型也得出同样的结果，而利用分区模型则出现蚁蟋科与蟋蟀总科较近的亲缘关系，蝼蛄科位于蟋蟀下目的最基部，因而蝼蛄总科的单系性和蝼蛄总科与蟋蟀总科的姐妹群关系也没有得到支持（Mugleston et al., 2016），这与利用转录组数据和 mtDNA 数据混合数据集构建的蟋蟀下目系统发生关系一致（Song et al., 2020）。但是在其他同样使用分区模型的研究中同样蝼蛄科和蚁蟋科的姐妹群关系也得到了支持，区别是数据集使用的PCGs和两个rRNAs（Chang等，2020），由此可见，进化模型的使用以及数据集的选择都能够影响系统发生分析的结果。Song等（2015）的研究结果并不支持以上任何一种情况，认为蟋蟀总科包括蟋蟀科，而蝼蛄总科中癞蟋科与蚁蟋科聚为一支，再与蝼蛄科形成姐妹群。但以上研究都存在抽样偏差，并没有涉及蟋蟀总科所有的科，Chintauan-Marquier等（2016）的一项类群抽样较为广泛的研究发现蝼蛄科和蚁蟋聚为一支形成蝼蛄总科分支，其他蟋蟀聚为蟋蟀总科分支，其下各科之间的关系为（（（蟋蟀科＋蛛蟋科）＋蛉蟋科）＋癞蟋科），这种系统发生关系是否稳定，还需要更多的研究来印证。

在OSF分类系统中，螽斯下目中现存的总科包括原螽总科（Hagloidea）、驼螽总科（Rhaphidophoroidea）、裂跗螽总科（Schizodactyloidea）、沙螽总科（Stenopelmatoidea）和螽斯总科（Tettigonioidea），与Song等（2015）提出的新的分类方案一致。在螽斯下目分支中，本章结果显示裂跗螽总科位于基部，然而早期就曾认为裂跗螽总科和蟋蟀总科具有较近的亲缘关系。至今裂跗螽总科的进化地位仍有争议，同质性进化模型（GTR）倾向于将裂跗螽总科划分到螽斯下目的最基部，有异质性进化模型（CAT）参与的系统发生分析则倾向于将裂跗螽总科划分到蟋蟀下目的最基部（Chang等，2020；Song等，2015；Zhou等，2017），另外有转录组数据参与系统发生尽管也能将裂跗螽总科划分到到蟋蟀下目，但并没有位于基部（Song等，2020），所以尚有待进一步探究。除裂跗螽总科外，其他各总科之间以及总科以下各类群的关系在不同研究中有所不同，螽斯下目内部各总科以及各科之间的分类迫切需要进行重新深入的评估。本章研究结果中尽管BI树和ML树的拓扑结构存在差异，但均显示驼螽总科、沙螽总科和原螽总科聚为一支，与螽斯总科互为姐妹群，沙螽总科的单系性没有得到支持，驼螽总科和原螽总科由于抽样数量的原因其单系性无法确定，但在基于其他数据的相关研究中这两个总科的单系性是得到支持的（Song et al., 2015; Song et al., 2020）。螽斯总科、跗螽总科、蟋蟀总科和蝼蛄总科的单系性均得到支持。由于抽样数量的限制，螽亚目9个科中只有蝼蛄科、蟋蟀科和螽斯科的单系性得到支持，其他6个科均无法测试。在Song等（2015）的研究中鸣螽科、驼螽科、裂跗螽科和蝼蛄科的单系性得到支持，但螽亚目中科之间的进化关系目前仍存在一些争议。在亚科水平上，本章两棵树之间有几个位置存在差异。金蛣蛉亚科（Eneopterinae）、蟋蟀亚科（Gryllinae）、树蟋亚科（Oecanthina）和距蟋亚科

（Podoscirtinae）聚为一支，但在BI树中，金蛣蛉亚科在四个亚科中是最早分化的，而在ML树中它与蟋蟀亚科形成姐妹群。在BI树中，东方蝼蛄（*Gryllotalpa orientalis*）和*G. pluvialis*形成姐妹群，而*Tarragoilus diuturnus*和*Stenopelmatus fuscus*不是姐妹群关系。蛩螽亚科（Meconematinae）与似织螽亚科（Hexacentrinae）和草螽亚科（Conocephalinae）所在的分支互为姐妹群关系。而在ML树中，*T. diuturnus*和*S. fuscus*是姐妹群，G. orientalis和G. pluvialis则不是。另外，蛩螽亚科与硕螽亚科（Bradyporinae）、螽斯亚科（Tettigoniinae）、似织螽亚科和草螽亚科聚为一支，且蛩螽亚科是本分支最早发生分歧的。

蝗亚目是直翅目中的另一个庞大类群，拥有超过11 700个物种。目前对蝗亚目的系统发生分析已有了比较清楚的了解，高级分类阶元之间的关系也基本明确，但有一些问题没有被解决。蝗亚目也可分为两个下目：蚤蝼下目（Tridactylidea）和蝗下目（Acrididea）。在本章结果中，蝗亚目六个总科之间的关系为：（蚤蝼总科+（蚱总科+（蜢总科+（牛蝗总科+（锥头蝗总科+蝗总科））））），总科之间的关系相对比较清晰。6个总科中除牛蝗总科的单系性无法判断，其他总科均具有单系性。蚤蝼下目中只有一个蚤蝼总科（Tridactyloidea），位于蝗亚目的最基部，是蝗亚目中较早分化的类群，这基本上已经被直翅目分类学家所公认。蚤蝼总科中现存的三个科之间目前比较稳定的关系是蚤蝼科（Tridactylidae）与泽蚤蝗科（Ripipterygidae）聚为一支，然后与短足蝼科（Cylindrachetidae）形成姐妹群（Song et al., 2015; Song et al., 2020），这些研究都存在抽样数量较少的问题，需要更多的数据来进一步印证。

蝗下目（Acrididea）包括蚱总科（Tetrigoidea）分支和一个总科群（Acridomorpha）分支，后者包括七个总科：蜢总科（Eumastacoidea），枝蝗总科（Proscopioidea），长角蝗总科（Tanaoceroidea），叶蝗总科（Trigonopterygoidea），牛蝗总科（Pneumoroidea），锥头蝗总科（Pyrgomorphoidea）和蝗总科（Acridoidea）。本章结果显示蚱总科与其余四个总科所在的分支（superfamily group Acridomorpha）互为姐妹群，且蚱总科只有一个蚱科（Tetrigidae）。蚱总科具有世界性的分布，并且在前胸背板形态上表现出非凡的多样性，蚱总科的单系性在形态学和分子数据的分析中都得到支持（Chang等，2020；Song等，2015；Song等，2020），然而，蚱总科内部的系统发生却几乎是未知的。尽管已有的研究基于线粒体基因和核基因对蚱总科内部的系统发生展开了分析，但其结果并不能明确蚱总科各亚科之间的关系（陈爱辉，2006；方宁等，2010；蒋国芳，2000；林敏平等，2015；姚艳萍，2008）。最近的研究基于线粒体基因组数据构建的系统发生关系支持蚱亚科（Tetriginae）的单系性以及其与枝背蚱亚科（Cladonotinae）的姐妹群关系，刺翼蚱亚科（Scelimeninae）位于蚱总科的最基部（Lin 等，2017），但是由于抽样较少，也不能解决蚱总科内部的进化关系。因此，要想解决蚱总科内部的系统发生关系混乱的现状，还需要做大量的工作。部分研究对 Acridomorpha 分支的抽样不能覆盖全部的总科，只能从中窥见部分总科之间的关系。前期形态学分类工作中关于 Acridomorpha 中高级分类介元之间的冲突在前期的分子研究中得到了澄清，本章分析结果与前期研究基本一致：在 Acridomorpha 中，蜢总科位于居基部，其次是牛蝗总科，锥头蝗总科与蝗总科形成姐妹群。牛蝗总科和锥头蝗总科均只有一个科，分别为牛蝗科和锥头蝗科。在已有的研究中可以窥见，除蜢总科外，Acridomorpha 其他各总科之间的关系也基本明确，长角蝗总科（Tanaoceroidea）位于最基部，牛蝗总科（Pneumoroidea）与叶蝗总科（Trigonopterygoidea）聚在一起，并与互为姐妹群的锥头蝗总科（Pyrgomorphoidea）和蝗总科（Acridoidea）形成的分支聚为一支（Chang et al., 2020; Song et al., 2015; Song et al., 2020）。目前有争议的是牛蝗总科与叶蝗总科之间的关系，Song 等（2015）的研究支持叶蝗总科的单系性，叶蝗总科与牛蝗总科互为姐妹群，但是加入转录组数据后，结果不支持叶蝗总科的单系性，由于所有的分析牛蝗总科都有一个物种的数据，所以这两个总科之间的关系需要更多的数据来进行判断。

锥头蝗总科只有一个锥头蝗科（Pyrgomorphidae），基于形态和分子数据的系统发生都支持其单系性。早期有研究将 Pyrgacridinae 列为锥头蝗科的一个亚科（Vickery, 1997），随着研究的深入，Pyrgacridinae 上升为 Pyrgacrididae（Eades, 2000），随后的研究也证实 Pyrgacrididae 属于蝗总科而非锥头蝗科（Leavitt et al., 2013; Song et al., 2015; Song et al., 2020）。锥头蝗科目前分为两个亚科：Orthacridinae 和 Pyrgomorphina（Cigliano et al., 2023），这与 Kevan 等于 1964 年基于形态学和生物地理学的解释提出的关于锥头蝗科内不同谱系间进化关系是一致的，这也是锥头蝗科不同谱系间的唯一假说（Kevan and Akbar, 1964）。

蝗总科（grasshoppers）是 Acridomorpha 中最大的一个类群，具有丰富的多样性，基于形态和分子数据的分析结果都支持其单系性。蝗总科包括蝗科（Acrididae）、小蛃蝗科（Lentulidae）、针癞蝗科（Ommexechidae）、癞蝗科（Pamphagidae）、花癞蝗科（Romaleidae）、无翅蝗科（Tristiridae）、瘤蝗科

（Dericorythidae）、沙蝗科（Lathiceridae）、Pyrgacrididae、双脊蝗科（Pamphagodidae）。形态和分子数据的相关分析都支持双脊蝗科和癞蝗科聚为一支，互为姐妹群关系，并且分支位于蝗总科的基部（Song 等，2015；Song 等，2020）。小蛸蝗科和 Lithidiidae 之间的姐妹群关系也在不同的研究中得到支持（Leavitt 等，2013；Song 等，2015；Song 等，2020）。花癞蝗科和针癞蝗科与蝗科聚为一支，具有较近的亲缘关系，但这三个科之间的关系在不同研究中有所不同，有待进一步分析（Leavitt 等，2013；Song 等，2015；Song 等，2020）。最近的研究显示无翅蝗科又与花癞蝗科、针癞蝗科和蝗科组成的分支聚为一支，形成姐妹群，而这四个科组成的分支又与小蛸蝗科和 Lithidiidae 所在的分支形成姐妹群。Leavitt 等（2013）和 Song 等（2020）的研究认为 Pyrgacrididae 在蝗总科中的分歧时间仅次于双脊蝗科和癞蝗科所在的分支，但是 Song 等在 2015 年发表的结果并不支持这一结果，而是将 Pyrgacrididae 放在了蝗总科的最基部。目前还没有研究对瘤蝗科和沙蝗科分子系统发生展开讨论，主要是缺乏相关的分子数据。本章研究结果显示癞蝗科是蝗总科分支中最早分化的，其次是针癞蝗科，而蝗科和花癞蝗科是最近分化的。由于部分科样本较少，在 11 科中，仅有蝗科、癞蝗科、锥头蝗科、蚱科和蚤蝼科的单系性得到支持。

蝗科是蝗总科最大的一个科，也是研究较为广泛的一个类群，但其单系性目前尚存争议。以往的基于线粒体基因组数据的大多数研究都支持蝗科的单系性（Chang 等，2020；Leavitt 等，2013；Song 等，2020；Zhang 等，2013），但是 Song 等（2015）基于全数据构建的树却将花癞蝗科插入到了蝗科内部，破坏了蝗科的单系性。蝗科内部各亚科之间的关系还很混乱，迫切需要对蝗科的分类系统进行修订（Zhang 等，2023）。除蝗科外，蝗总科中其他科在已有的系统发生分析中都存在抽样较少甚至缺失的现象，未来取得更多数据的情况下，它们之间的进化关系是否还与已有的研究结果一致还未可知。本章研究结果中两个树不同的地方也主要出现在蝗科内部（图 5-3 和图 5-4），尤其是蝗亚科（Acridinae）、斑腿蝗亚科（Catantopinae）、槌角蝗亚科（Gomphocerinae）和斑翅蝗亚科（Oedipodinae）。

参考文献

[1] 白洁，黄原 . 基于线粒体 *ND2* 基因的直翅目部分种类分子系统发育分析 [J]. 动物学杂志，2012，47(4): 1-10.

[2] 曾慧花 . 四种蝗虫线粒体基因组测序及系统发生分析 [D]. 西安：陕西师范大学，2013.

[3] 曾维铭，蒋国芳，张大羽，等 . 用 12S rRNA 基因序列研究斑腿蝗科二属六种的进化关系 [J]. 昆虫学报，2004，47(2): 248-252.

[4] 常会会，杨丽平，刘菲，等 . 无齿稻蝗和黄翅踵蝗线粒体基因组与系统发育分析 [J]. 基因组学与应用生物学，2018，37(1):210-218.

[5] 陈爱辉 . 中国蚱总科昆虫的系统关系研究 [D]. 南京：南京师范大学 ; 2006.

[6] 崔爱明，黄原 . 利用线粒体 16S rRNA 基因全序列分析直翅目主要类群的系统发生关系 [J]. 遗传，2012，34(5): 597-608.

[7] 丁方美，黄原 . 基于线粒体 *ND2* 基因的中国斑翅蝗科部分种类分子系统学研究（直翅目：蝗总科）[J]. 昆虫学报，2008，51(1): 55-60.

[8] 丁方美，师红雯，黄原 . 短额负蝗线粒体基因组及其 lrRNA 和 srRNA 二级结构分析 [J]. 动物学研究，2007，28(6): 580-588.

[9] 丁方美 . 短额负蝗、日本蚤蝼和中华寰螽线粒体基因组序列测定与分析 [D]. 西安：陕西师范大学，2008.

[10] 方宁，轩文娟，张妍妍，等 . 应用 CO Ⅰ基因序列探讨中国蚱总科四亚科部分物种的系统发生关系（英文）[J]. 动物分类学报，2010，35(4):696-702.

[11] 顾明亮，汪业军，陈姝，等 . 线粒体基因与核基因协同表达的机制 [J]. 生命的化学，2009，6: 803-811.

[12] 黄原 . 分子系统发生学 [M]. 北京：科学出版社，2012.

[13] 蒋国芳 . 蚱总科昆虫线粒体细胞色素 b 基因序列及系统进化研究 [D]. 西安：陕西师范大学，2000.

[14] 寇静 . 网翅蝗科部分种类线粒体 16S rRNA 基因的分子进化与系统学研究 [D]. 西安：陕西师范大学，2006.

[15] 匡卫民 . 基因组时代线粒体基因组拼装策略及软件应用现状 [J]. 遗传，2019，41(11):979-993.

[16] 李鸿昌 . 中国动物志 . 昆虫纲 . 第四 43 卷 . 直翅目 . 蝗总科 . 斑腿蝗科 [M]. 北京：科学出版社，2006.

[17] 李雪娟，杨婧，王俊红，等 . 线粒体基因组数据的分析方法和软件 [J]. 应用昆虫学报，2013，50(1): 298-304.

[18] 林敏平，李晓东，韦仕珍，等 . 蚱总科昆虫部分类群线粒体 COI 基因序列与系统发育关系 [J]. 华中农业大学学报，2015，34(6):40-48.

[19] 刘殿锋，蒋国芳，时号，等 . 应用 16S rDNA 序列探讨斑腿蝗科的单系性及其亚科的分类地位 [J]. 昆虫学报，2005，48(5): 759-769.

[20] 刘殿锋，蒋国芳 . 基于 18S rDNA 的蝗总科分子系统发育关系研究及分类系统探讨 [J]. 昆虫学报，2005，48(2): 232-241.

[21] 刘金定 . 昆虫基因组注释方法改进及两种昆虫基因组分析 [D]. 南京：南京农业大学，2014.

[22] 刘静，边迅 . 直翅目昆虫线粒体基因组的特征及应用 [J]. 广西师范大学学报（自然科学版），2021，39(1):17-28.

[23] 刘念 . 隆额网翅蝗线粒体基因组全序列的测定与分析 [D]. 西安：陕西师范大学 , 2006.

[24] 刘燕 . 蝗亚目四种蝗虫线粒体全基因组序列测定分析及谱系基因组学分析 [D]. 西安：陕西师范大学，2013.

[25] 刘振，徐建红 . 高通量测序技术在转座子研究中的应用 [J]. 遗传，2015，37(9): 885-898.

[26] 卢芙萍，徐志艺，赵冬香，等 . 儋州蝗虫生态分布与危害调查 [J]. 热带农业科学，2007，27(5): 31-35.

[27] 卢慧甍 . 霍山蹦蝗和意大利蝗全线粒体基因组的测序及分析 [D]. 西安：陕西师范大学，2006.

[28] 芦荣胜，黄原，周志军 . 基于线粒体 Cytb，16S rDNA 和核 28S rDNA 的中国斑腿蝗科（直翅目，蝗总科）九亚科间的系统发育关系研究 [J]. 动物分类学报（英文），2010，35(4): 782-789.

[29] 吕红娟，黄原．基于线粒体 *CO I* 基因全序列的直翅目部分类群系统发育关系分析 [J]. 动物学研究，2012，33(3): 319-328.

[30] 马兰，黄原．基于 *CO I* 基因序列的斑腿蝗科部分亚科的分子系统学研究 [J]. 昆虫学报，2006，49(6): 982-990.

[31] 乔卿梅，程茂高，原国辉．高质量蝗虫线粒体 DNA 的快速提取技术研究 [J]. 河南农业科学，2005，34(10): 52-54.

[32] 滕晓坤，肖华胜．基因芯片与高通量 DNA 测序技术前景分析 [J]. 中国科学：生命科学，2008，10: 891-899.

[33] 汪晓阳，周志军，黄原，等．基于 18S rRNA 基因序列的直翅目主要类群系统发育关系研究 [J]. 动物分类学报（英文），2011，36(3): 627-638.

[34] 王文强．欧亚大陆斑翅蝗科昆虫的系统学研究（直翅目：蝗总科）[D]. 保定：河北大学，2005.

[35] 魏书军，陈学新．昆虫比较线粒体基因组学研究进展 [J]. 应用昆虫学报，2011，48(6): 1573-1585.

[36] 夏玉玲，刘彦群，鲁成．动物线粒体 DNA 提取的原理和方法 [J]. 蚕学通讯，2002，22(3): 24-29.

[37] 谢浩，赵明，胡志迪，等．DNA 测序技术方法研究及其进展 [J]. 生命的化学，2015 (6): 811-816.

[38] 熊国如，李增平，冯翠莲，等．海南蔗区甘蔗害虫发生情况及防治对策 [J]. 热带作物学报，2010，31(12): 2243-2249.

[39] 姚艳萍．中国蚱总科部分种类 16S rRNA 和 18S rRNA 基因序列的分子进化与系统学研究 [D]. 西安：陕西师范大学，2008.

[40] 叶海燕，黄原．基于线粒体 *Cytb* 基因序列探讨中国斑翅蝗科部分种类的系统发育关系 [J]. 生命科学研究，2011，15(3): 229-235.

[41] 印红，张道川，毕智丽，等．蝗总科部分种类 16S rDNA 的分子系统发育关系 [J]. Journal of Genetics and Genomics，2003，30(8): 766-772.

[42] 张得芳，马秋月，尹佟明，等．第三代测序技术及其应用 [J]. 中国生物工程杂志，2013，33(5): 125-131.

[43] 张建珍．中国稻蝗属遗传分化研究 [D]. 太原：山西大学，2006.

[44] 赵乐，李雪娟，黄原．直翅目昆虫线粒体基因组特征及系统发育研究 [J]. 生命科学，2018，30(1):113-123.

[45] 郑晨曦，张建平，姚伟伟，等 . 线粒体自噬与神经退行性疾病 [J]. 中华神经外科疾病研究杂志，2015，3: 286-288.

[46] 中国科学院中国动物志委员会，郑哲民，夏凯龄 . 中国动物志：斑翅蝗科网翅蝗科 [M]. 北京：科学出版社，1998.

[47] 周飞 . 四种蝗虫线粒体基因组测定及直翅目系统发生分析 [D]. 西安：陕西师范大学，2015.

[48] 周慧琦 . 基因组 GC 含量与碱基、密码子和氨基酸使用偏好的关系 [D]. 成都： 电子科技大学，2014.

[49] 周志军 . 五种螽蟖线粒体基因组的测定与直翅目谱系基因组学分析 [D]. 西安：陕西师范大学，2008.

[50] 朱艳芳，毛春娜，张爱民，等 . 5 种方法对蝴蝶干标本 DNA 的提取效果研究 [J]. 安徽农业科学，2011，39(28): 1121-1124.

[51] Adams M D, Celniker S E, Holt R A, et al. The genome sequence of Drosophila melanogaster[J]. Science, 2000, 287(5461): 2185-2196.

[52] Alzohairy A M. BioEdit: An important software for molecular biology[J]. Gerf Bulletin of Biosciences, 2011, 2(1): 60-61.

[53] Amaral D T, Mitani Y, Ohmiya Y, et al. Organization and comparative analysis of the mitochondrial genomes of bioluminescent Elateroidea (Coleoptera: Polyphaga) [J]. Gene, 2016, 586(2): 254-262.

[54] Benson G. Tandem repeats finder: a program to analyze DNA sequences[J]. Nucleic Acids Research, 1999, 27(2): 573-580.

[55] Bernt M, Al E. MITOS: improved de novo metazoan mitochondrial genome annotation[J]. Molecular Phylogenetics & Evolution, 2013, 69(2): 313-319.

[56] Bernt M, Braband A, Middendorf M, et al. Bioinformatics methods for the comparative analysis of metazoan mitochondrial genome sequences[J]. Molecular Phylogenetics & Evolution, 2012, 69(2): 320-327.

[57] Bleidorn C. Third generation sequencing: technology and its potential impact on evolutionary biodiversity research[J]. Systematics & Biodiversity, 2015, 14(1): 1-8.

[58] Boore J L. Animal mitochondrial genomes[J]. Nucleic Acids Research, 1999, 27(8): 1767-1780.

[59] Braband A, Cameron S L, Podsiadlowski L, et al. The mitochondrial genome of the onychophoran Opisthopatus cinctipes (Peripatopsidae) reflects the ancestral mitochondrial gene arrangement of Panarthropoda and Ecdysozoa[J]. Molecular Phylogenetics & Evolution, 2010, 57(1): 285-292.

[60] Burlibasa C, Vasiliu D, Vasiliu M. Genome Sequence Assembly Using Trace Signals and Additional Sequence Information[J]. In German Conference on Bioinformatics, 1999: 45-56.

[61] Cameron S L, Barker S C, Whiting M F. Mitochondrial genomics and the new insect order Mantophasmatodea[J]. Molecular Phylogenetics & Evolution, 2006, 38(1): 274.

[62] Cameron S L, Dowton M, Castro L R, et al. Mitochondrial genome organization and phylogeny of two vespid wasps[J]. Genome, 2008, 51(10): 800-808.

[63] Cameron S L, Lo N, Bourguignon T, et al. A mitochondrial genome phylogeny of termites (Blattodea: Termitoidae): Robust support for interfamilial relationships and molecular synapomorphies define major clades[J]. Molecular Phylogenetics & Evolution, 2012, 65(1): 163.

[64] Cameron S L. How to sequence and annotate insect mitochondrial genomes for systematic and comparative genomics research[J]. Systematic Entomology, 2014, 39(3): 400-411.

[65] Cameron S L. Insect mitochondrial genomics: implications for evolution and phylogeny[J]. Annual Review of Entomology, 2014, 59(1):95.

[66] Zhou Z, Zhao L, Liu N, et al. Towards a higher-level Ensifera phylogeny inferred from mitogenome sequences[J]. Molecular Phylogenetics and Evolution, 2017, 108:22-33.

[67] Cantatore P, Gadaleta M N, Roberti M, et al. Duplication and remoulding of tRNA genes during the evolutionary rearrangement of mitochondrial genomes[J]. Nature, 1987, 329(6142): 853-855.

[68] Chandel N S. Mitochondria as signaling organelles[J]. BMC biology, 2014, 12(1): 34.

[69] Chang H, Qiu Z, Yuan H, et al. Evolutionary rates of and selective constraints on the mitochondrial genomes of Orthoptera insects with different wing types[J].

Molecular Phylogenetics and Evolution, 2020, 145:106734.

[70] Chen S C. The complete mitochondrial genome of the booklouse, Liposcelis decolor: insights into gene arrangement and genome organization within the genus Liposcelis[J]. PLoS One, 2014, 9(3): e91902.

[71] Cheng K C, Cahill D S, Kasai H, et al. 8-Hydroxyguanine, an abundant form of oxidative DNA damage, causes G-T and A-C substitutions[J]. Journal of Biological Chemistry, 1992, 267(1): 166-172.

[72] Cheng X F, Zhang L P, Yu D N, et al. The complete mitochondrial genomes of four cockroaches (Insecta: Blattodea) and phylogenetic analyses within cockroaches[J]. Gene, 2016, 586(1): 115-122.

[73] Chintauan-Marquier I C, Legendre F, Hugel S, et al. Laying the foundations of evolutionary and systematic studies in crickets (Insecta, Orthoptera): a multilocus phylogenetic analysis[J]. Cladistics, 2016, 32(1):54-81.

[74] Cigliano M M, Braun H, Eades D C, et al. Orthoptera Species File. Version 5.0/5.0. [22/5/2023]. <http://Orthoptera.SpeciesFile.org>. 2023.

[75] Cohen J. 'Long PCR' leaps into larger DNA sequences[J]. Science, 1994, 263(5153): 1564-1565.

[76] Dai L S, Zhu B J, Zhao Y, et al. Comparative Mitochondrial Genome Analysis of Eligma narcissus and other Lepidopteran Insects Reveals Conserved Mitochondrial Genome Organization and Phylogenetic Relationships[J]. Scientific Reports, 2016, 6: 26387.

[77] Dao C, Zhang H Y, Hong Y, et al. Molecular phylogeny of Pamphagidae (Acridoidea, Orthoptera) from China based on mitochondrial cytochrome oxidase II sequences[J]. Insect Science, 2011, 18(2): 234–244.

[78] Darriba D, Taboada G L, Doallo R, et al. jModelTest 2: more models, new heuristics and parallel computing[J]. Nature methods, 2012, 9(8): 772.

[79] Desutter-Grandcolas L. Phylogeny and the evolution of acoustic communication in extant Ensifera (Insecta, Orthoptera)[J]. Zoologica Scripta, 2003, 32(6):525-561.

[80] Dickey A M, Kumar V, Morgan J K, et al. A novel mitochondrial genome architecture in thrips (Insecta: Thysanoptera): extreme size asymmetry among

chromosomes and possible recent control region duplication[J]. BMC Genomics, 2015, 16(1): 439.

[81] Dos R M, Inoue J, Hasegawa M, et al. Phylogenomic datasets provide both precision and accuracy in estimating the timescale of placental mammal phylogeny[J]. Proceedings of the Royal Society. Biological sciences, 2012, 279(1742): 3491-3500.

[82] Dowton M, Cameron S L, Dowavic J I, et al. Characterization of 67 mitochondrial tRNA gene rearrangements in the hymenoptera suggests that mitochondrial tRNA gene position is selectively neutral[J]. Molecular Biology & Evolution, 2009, 26(7): 1607-1617.

[83] Drummond A J, Suchard M A, Xie D, et al. Bayesian Phylogenetics with BEAUti and the BEAST 1.7[J]. Molecular Biology and Evolution 2012, 29(8):1969-1973.

[84] Eades D C. Evolutionary relationships of phallic structures of Acridomorpha (Orthoptera) [J]. Journal of Orthoptera Research, 2000(9):181-210.

[85] Fabienne W N, Sheila A, Jo H. Diverse antibiotic resistance genes in dairy cow manure[J]. Mbio, 2014, 5(2): 1-9.

[86] Fang G, Munera D, Friedman D I, et al. Genome-wide mapping of methylated adenine residues in pathogenic Escherichia coli using single-molecule real-time sequencing[J]. Nature Biotechnology, 2012, 30(12): 1232-1239.

[87] Fechter P, Rudinger-Thirion J, Florentz C, et al. Novel features in the tRNA-like world of plant viral RNAs[J]. Cellular and molecular life sciences: CMLS, 2001, 58(11): 1547-1561.

[88] Fedurco M, Romieu A, Williams S, et al. BTA, a novel reagent for DNA attachment on glass and efficient generation of solid-phase amplified DNA colonies[J]. Nucleic Acids Research, 2006, 34(3): e22.

[89] Fenn J D, Cameron S L, Whiting M F. The complete mitochondrial genome sequence of the Mormon cricket (Anabrus simplex: Tettigoniidae: Orthoptera) and an analysis of control region variability[J]. Insect Molecular Biology, 2007, 16(2): 239-252.

[90] Fenn J D, Song H, Cameron S L, et al. A preliminary mitochondrial genome phylogeny of Orthoptera (Insecta) and approaches to maximizing phylogenetic

signal found within mitochondrial genome data[J]. Molecular Phylogenetics & Evolution, 2008, 49(1): 59-68.

[91] Frandsen P B, Calcott B, Mayer C, et al. Automatic selection of partitioning schemes for phylogenetic analyses using iterative k-means clustering of site rates[J]. BMC Evolutionary Biology, 2015, 15(1): 13.

[92] Galtier N, Gouy M. Inferring pattern and process: maximum-likelihood implementation of a nonhomogeneous model of DNA sequence evolution for phylogenetic analysis[J]. Molecular Biology & Evolution, 1998, 15(7): 871-879.

[93] Gissi C, Iannelli F, Pesole G. Evolution of the mitochondrial genome of Metazoa as exemplified by comparison of congeneric species[J]. Heredity, 2008, 101(4): 301-320.

[94] Gold D A, Robinson J, Farrell A B, et al. Attempted DNA extraction from a Rancho La Brea Columbian mammoth (Mammuthus columbi): prospects for ancient DNA from asphalt deposits[J]. Ecology & Evolution, 2014, 4(4): 329-336.

[95] Gotzek D, Clarke J, Shoemaker D W. Mitochondrial genome evolution in fire ants (Hymenoptera: Formicidae)[J]. BMC Evolutionary Biology, 2010, 10(1): 300.

[96] Guindon S, Lethiec F, Duroux P, et al. PHYML Online-a web server for fast maximum likelihood-based phylogenetic inference[J]. Nucleic Acids Research, 2005, 33(Web Server issue): W557-559.

[97] Hahn C, Bachmann L, Chevreux B. Reconstructing mitochondrial genomes directly from genomic next-generation sequencing reads-a baiting and iterative mapping approach[J]. Nucleic Acids Research, 2013, 41(13):e129.

[98] Huang J, Zhang A, Mao S, et al. DNA barcoding and species boundary delimitation of selected species of Chinese Acridoidea (Orthoptera: Caelifera)[J]. PLoS One, 2013, 8(12): e82400.

[99] Huo G, Jiang G, Sun Z, et al. Phylogenetic reconstruction of the family Acrypteridae (Orthoptera: Acridoidea) based on mitochondrial cytochrome B gene[J]. Journal of Genetics & Genomics, 2007, 34(4): 294-306.

[100] Huo G, Jiang G, Sun Z, et al. Phylogenetic reconstruction of the family Acrypteridae (Orthoptera: Acridoidea) based on mitochondrial cytochrome B

gene[J]. Journal of Genetics & Genomics, 2007, 34(4): 294-306.
[101] Jiang H, Barker S C, Shao R. Substantial Variation in the Extent of Mitochondrial Genome Fragmentation among Blood-Sucking Lice of Mammals[J]. Genome Biology and Evolution, 2013, 5(7): 1298-1308.
[102] Jost M C, Shaw K L. Phylogeny of Ensifera (Hexapoda: Orthoptera) using three ribosomal loci, with implications for the evolution of acoustic communication[J]. Molecular Phylogenetics and Evolution, 2006, 38(2):510-530.
[103] Kayal E, Bentlage B, Collins A G, et al. Evolution of Linear Mitochondrial Genomes in Medusozoan Cnidarians[J]. Genome Biology and Evolution, 2011, 4(1): 1-12.
[104] Kearse M, Moir R, Wilson A, et al. Geneious Basic: an integrated and extendable desktop software platform for the organization and analysis of sequence data[J]. Bioinformatics, 2012, 28(12): 1647-1649.
[105] Kevan D K, Akbar S S. The Pyrgomorphidae (Orthoptera: Acridoidea): Their Systematics, Tribal Divisions and Distribution[J]. Canadian Entomologist, 1964, 96(12):1505-1536.
[106] Kim I, Cha S Y, Yoon M H, et al. The complete nucleotide sequence and gene organization of the mitochondrial genome of the oriental mole cricket, Gryllotalpa orientalis (Orthoptera: Gryllotalpidae)[J]. Gene, 2005, 353(2): 155-168.
[107] Kim M J, Wang A R, Park J S, et al. Complete mitochondrial genomes of five skippers (Lepidoptera: Hesperiidae) and phylogenetic reconstruction of Lepidoptera[J]. Gene, 2014, 549(1): 97-112.
[108] Kômoto N, Yukuhiro K, Tomita S. Novel gene rearrangements in the mitochondrial genome of a webspinner, Aposthonia japonica (Insecta: Embioptera)[J]. Genome, 2012, 55(3): 222.
[109] Kück P, Meid S A, Groß C, et al. AliGROOVE – visualization of heterogeneous sequence divergence within multiple sequence alignments and detection of inflated branch support[J]. BMC Bioinformatics, 2014, 15(1): 294.
[110] Kumar S, Stecher G, Li M, et al. MEGA X: Molecular Evolutionary Genetics Analysis across Computing Platforms[J]. Molecular Biology and Evolution,

2018, 35(6):1547-1549.

[111] Lanfear R, Calcott B, Ho S Y, et al. Partitionfinder: combined selection of partitioning schemes and substitution models for phylogenetic analyses[J]. Molecular Biology and Evolution, 2012, 29(6): 1695-1701.

[112] Lanfear R, Calcott B, Kainer D, et al. Selecting optimal partitioning schemes for phylogenomic datasets[J]. BMC Evolutionary Biology, 2014, 14(1): 82.

[113] Larkin M A, Blackshields G, Brown N P, et al. Clustal W and Clustal X version 2.0[J]. Bioinformatics, 2007, 23(21): 2947-2948.

[114] Lartillot N, Rodrigue N, Stubbs D, et al. PhyloBayes MPI: Phylogenetic Reconstruction with Infinite Mixtures of Profiles in a Parallel Environment[J]. Systematic Biology, 2013, 62(4):616-615.

[115] Laslett D, Canbäck B. ARWEN: a program to detect tRNA genes in metazoan mitochondrial nucleotide sequences[J]. Bioinformatics, 2008, 24(2): 172-175.

[116] Lavrov D V, Boore J L, Brown W M. Complete mtDNA Sequences of Two Millipedes Suggest a New Model for Mitochondrial Gene Rearrangements: Duplication and Nonrandom Loss[J]. Molecular Biology & Evolution, 2002, 19(2): 163-169.

[117] Lavrov D V, Pett W, Voigt O, et al. Mitochondrial DNA of Clathrina clathrus (Calcarea, Calcinea): Six Linear Chromosomes, Fragmented rRNAs, tRNA Editing, and a Novel Genetic Code[J]. Molecular Biology and Evolution, 2012, 30(4): 865-880.

[118] Leavitt J R, Hiatt K D, Whiting M F, et al. Searching for the optimal data partitioning strategy in mitochondrial phylogenomics: a phylogeny of Acridoidea (Insecta: Orthoptera: Caelifera) as a case study[J]. Molecular Phylogenetics & Evolution, 2013, 67(2): 494-508.

[119] Letunic I, Bork P. Interactive Tree Of Life (iTOL) v4: recent updates and new developments[J]. Nucleic Acids Research, 2019, 47(W1): 256-259.

[120] Li C, Lu G, Orti G. Optimal data partitioning and a test case for ray-finned fishes (Actinopterygii) based on ten nuclear loci[J]. Systematic Biology, 2008, 57(4): 519-539.

[121] Hu L, Aimin S, Fan S, et al. Complete mitochondrial genome of the flat bug

Brachyrhynchus hsiaoi (Hemiptera: Aradidae)[J]. Mitochondrial DNA, 2016, 2014(1):14-15.

[122]Li H. Higher-level phylogeny of paraneopteran insects inferred from mitochondrial genome sequences[J]. Scientific Reports, 2015, 5(8527): 8527.

[123]Lin L L, Li X J, Zhang H L, et al. Mitochondrial genomes of three Tetrigoidea species and phylogeny of Tetrigoidea[J]. Peer J, 2017, 5(11):e4002.

[124]Lin Y H, Mclenachan P A, Gore A R, et al. Four new mitochondrial genomes and the increased stability of evolutionary trees of mammals from improved taxon sampling[J]. Molecular Biology & Evolution, 2002, 19(12): 2060.

[125]Linard B, Arribas P, Andújar C, et al. The mitogenome of Hydropsyche pellucidula (Hydropsychidae): first gene arrangement in the insect order Trichoptera[J]. Mitochondrial DNA, 2017, 28(1/2): 71-72.

[126]Liu N, Huang Y. Complete Mitochondrial Genome Sequence of Acrida cinerea (Acrididae: Orthoptera) and Comparative Analysis of Mitochondrial Genomes in Orthoptera[J]. Comparative and functional genomics, 2010, 2010(6): 319486.

[127]Liu Y G, Kurokawa T, Sekino M, et al. Complete mitochondrial DNA sequence of the ark shell Scapharca broughtonii: An ultra-large metazoan mitochondrial genome[J]. Comparative Biochemistry and Physiology Part D: Genomics and Proteomics, 2013, 8(1): 72-81.

[128]Liu Y. Mitochondrial Phylogenomics of Early Land Plants: Mitigating the Effects of Saturation, Compositional Heterogeneity, and Codon-Usage Bias[J]. Systematic Biology, 2014, 63(6): 862.

[129]Lowe T M, Eddy S R. tRNAscan-SE: a program for improved detection of transfer RNA genes in genomic sequence[J]. Nucleic Acids Research, 1997, 25(5): 955-964.

[130]Ma C, Liu C, Yang P, et al. The complete mitochondrial genomes of two band-winged grasshoppers, Gastrimargus marmoratus and Oedaleus asiaticus[J]. BMC Genomics, 2009, 10(1): 156.

[131]Ma C, Yang P, Jiang F, et al. Mitochondrial genomes reveal the global phylogeography and dispersal routes of the migratory locust[J]. Molecular Ecology, 2012, 21(17): 4344-4358.

[132]Mao M, Dowton M. Complete mitochondrial genomes of Ceratobaeus sp. and Idris sp. (Hymenoptera: Scelionidae): shared gene rearrangements as potential phylogenetic markers at the tribal level[J]. Molecular Biology Reports, 2014, 41(10): 6419-6427.

[133]Margulies M, Egholm M, Altman W E, et al. Genome sequencing in microfabricated high-density picolitre reactors[J]. Nature, 2005, 437(7057): 376-380.

[134]Mariño-Pérez R, Song H. On the origin of the New World Pyrgomorphidae (Insecta: Orthoptera) [J]. Molecular Phylogenetics & Evolution, 2019, 139:106537.

[135]Mariño-Pérez R, Song H. Phylogeny of the grasshopper family Pyrgomorphidae (Caelifera, Orthoptera) based on morphology[J]. Systematic Entomology, 2018, 43(1):90-108.

[136]Maxam A M, Gilbert W. A New Method for Sequencing DNA[J]. Proceedings of the National Academy of Sciences, 1977, 74(2): 560-564.

[137]Mei Y, Yue Q Y, Jia F L. Research progress on mitochondrial genomes of Dipteral insect[J]. Journal of Environmental Entomology, 2012, 34(4): 497-503.

[138]Meng G, Li Y, Yang C, et al. MitoZ: a toolkit for animal mitochondrial genome assembly, annotation and visualization[J]. Nucleic Acids Research, 2019, 47(11):e63.

[139]Minh B Q, Schmidt H A, Chernomor O, et al. IQ-TREE 2: New Models and Efficient Methods for Phylogenetic Inference in the Genomic Era[J]. Molecular Biology and Evolution, 2020, 37(5):1530-1534.

[140]Moraes-Barros N D, Morgante J S. A simple protocol for the extraction and sequence analysis of DNA from study skin of museum collections[J]. Genetics & Molecular Biology, 2007, 30(4): 1181-1185.

[141]Mugleston J D, Naegle M, Song H, et al. A Comprehensive Phylogeny of Tettigoniidae (Orthoptera: Ensifera) Reveals Extensive Ecomorph Convergence and Widespread Taxonomic Incongruence[J]. Insect Systematics and Diversity, 2018, 2(4):1-27.

[142]Mugleston J D, Song H, Whiting M F. A century of paraphyly: a molecular

phylogeny of katydids (Orthoptera: Tettigoniidae) supports multiple origins of leaf-like wings[J]. Molecular Phylogenetics & Evolution, 2013, 69(3):1120-1134.

[143] Mugleston J, Naegle M, Song H, et al. Reinventing the leaf: multiple origins of leaf-like wings in katydids (Orthoptera : Tettigoniidae) [J]. Invertebrate Systematics, 2016, 30(4):335–352.

[144] Mwinyi A, Meyer A, Bleidorn C, et al. Mitochondrial genome sequence and gene order of Sipunculus nudus give additional support for an inclusion of Sipuncula into Annelida[J]. BMC Genomics, 2009, 10(1): 27.

[145] Nardi F, Spinsanti G, Boore J L, et al. Hexapod origins: monophyletic or paraphyletic?[J]. Science, 2003, 299(5614): 1887-1889.

[146] Nawrocki E P, Kolbe D L, Eddy S R. Infernal 1.0: inference of RNA alignments[J]. Bioinformatics, 2009, 25(13): 1335-1337.

[147] Nelson L A, Lambkin C L, Batterham P, et al. Beyond barcoding: a mitochondrial genomics approach to molecular phylogenetics and diagnostics of blowflies (Diptera: Calliphoridae)[J]. Gene, 2012, 511(2): 131-142.

[148] Park J S, Kim M J, Jeong S Y, et al. Complete mitochondrial genomes of two gelechioids, Mesophleps albilinella and Dichomeris ustalella (Lepidoptera: Gelechiidae), with a description of gene rearrangement in Lepidoptera[J]. Current Genetics, 2016, 62(4): 1-18.

[149] Pett W, Ryan J F, Pang K, et al. Extreme mitochondrial evolution in the ctenophore Mnemiopsis leidyi: Insight from mtDNA and the nuclear genome[J]. Mitochondrial DNA, 2011, 22(4): 130-142.

[150] Plazzi F, Ricci A, Passamonti M. The mitochondrial genome of Bacillus stick insects (Phasmatodea) and the phylogeny of orthopteroid insects[J]. Molecular Phylogenetics & Evolution, 2011, 58(2): 304-316.

[151] Powell A, Barker F K, Lanyon S M. Empirical evaluation of partitioning schemes for phylogenetic analyses of mitogenomic data: An avian case study[J]. Molecular Phylogenetics & Evolution, 2013, 66(1): 69-79.

[152] Prabha R, Singh D P, Sinha S, et al. Genome-wide comparative analysis of codon usage bias and codon context patterns among cyanobacterial genomes[J]. Marine Genomics, 2017, 32: 31-39.

[153] Pratt R C. Toward Resolving Deep Neoaves Phylogeny: Data, Signal Enhancement, and Priors[J]. Molecular Biology & Evolution, 2008, 26(2): 313-326.

[154] Qiang L, Peng, Luan, et al. High-throughput Sequencing Technology and Its Application[J]. 东北农业大学学报（英文版）, 2014, 21(3): 84-96.

[155] Qiu Z Y, Chang H H, Yuan H, et al. Comparative mitochondrial genomes of four species of Sinopodisma and phylogenetic implications (Orthoptera, Melanoplinae) [J]. Zoo Keys, 2020, 969:23-42.

[156] Ronquist F, Huelsenbeck J P. MrBayes 3: Bayesian phylogenetic inference under mixed models[J]. Bioinformatics, 2003, 19(12): 1572-1574.

[157] Saito S, Tamura K, Aotsuka T. Replication origin of mitochondrial DNA in insects[J]. Genetics, 2005, 171(4): 1695-1705.

[158] Samuels A K, Weisrock D W, Smith J J, et al. Transcriptional and phylogenetic analysis of five complete ambystomatid salamander mitochondrial genomes[J]. Gene, 2005, 349(2): 43-53.

[159] Sanciangco M D, Rocha L A, Carpenter K E. A molecular phylogeny of the Grunts (Perciformes: Haemulidae) inferred using mitochondrial and nuclear genes[J]. Zootaxa, 2011, 2966(2966): 37-50.

[160] Sanger F, Nicklen S, Coulson A R. DNA sequencing with chain-terminating inhibitors. 1977[J]. Proceedings of the National Academy of Sciences of the United States of America, 1977, 74(12): 5463-5467.

[161] Satoh T P, Miya M, Mabuchi K, et al. Structure and variation of the mitochondrial genome of fishes[J]. BMC Genomics, 2016, 17(1): 719.

[162] Shao R, Kirkness E F, Barker S C. The single mitochondrial chromosome typical of animals has evolved into 18 minichromosomes in the human body louse, Pediculus humanus[J]. Genome Res, 2009, 19(5): 904-912.

[163] Sheffield N C, Hiatt K D, Valentine M C, et al. Mitochondrial genomics in Orthoptera using MOSAS[J]. Mitochondr DNA, 2010, 21(3-4): 87-104.

[164] Sheffield N C, Song H J, Cameron S L, et al. Nonstationary evolution and compositional heterogeneity in beetle mitochondrial phylogenomics[J]. Systematic Biology, 2009, 58(4): 381.

[165] Sheffield N C, Song H, Cameron S L, et al. A Comparative Analysis of Mitochondrial Genomes in Coleoptera (Arthropoda: Insecta) and Genome Descriptions of Six New Beetles[J]. Molecular Biology and Evolution, 2008, 25(11): 2499-2509.

[166] Shendure J, Porreca G J, Reppas N B, et al. Accurate multiplex polony sequencing of an evolved bacterial genome[J]. Science, 2005, 309(5741): 1728-1732.

[167] Simon C, Buckley T R, Frati F, et al. Incorporating Molecular Evolution into Phylogenetic Analysis, and a New Compilation of Conserved Polymerase Chain Reaction Primers for Animal Mitochondrial DNA[J]. Annual Review of Ecology, Evolution, and Systematics, 2006, 37(1): 545-579.

[168] Simon C, Rati F F, Beckenbach A, et al. Evolution, weighting, and phylogenetic utility of mitochondrial gene sequences and a compilation of conserved polymerase chain reaction primers[J]. Annals of the Entomological Society of America, 1994, 87(6): 651-701.

[169] Singh V K, Mangalam A K, Dwivedi S, et al. Primer premier: program for design of degenerate primers from a protein sequence[J]. Biotechniques, 1998, 24(2): 318-319.

[170] Song F, Li H, Jiang P, et al. Capturing the Phylogeny of Holometabola with Mitochondrial Genome Data and Bayesian Site-Heterogeneous Mixture Models[J]. Genome Biology & Evolution, 2016, 8(5): 1411-1426.

[171] Song H, Amédégnato C, Cigliano M M, et al. 300 million years of diversification: elucidating the patterns of orthopteran evolution based on comprehensive taxon and gene sampling[J]. Cladistics, 2015, 31(6): 621-651.

[172] Song H, Bethoux O, Shin S, et al. Phylogenomic analysis sheds light on the evolutionary pathways towards acoustic communication in Orthoptera[J]. Nature Communications, 2020, 11(1):4939.

[173] Song H. Biodiversity of Orthoptera: Science and Society[M]. New York: John Wiley & Sons, 2018.

[174] Song M H, Yan C, Li J T. MEANGS: an efficient seed-free tool for de novo assembling animal mitochondrial genome using whole genome NGS data[J].

Briefings in Bioinformatics, 2022, 23(1):1-8.

[175] Song N, Zhang H, Li H, et al. All 37 Mitochondrial Genes of Aphid Aphis craccivora Obtained from Transcriptome Sequencing: Implications for the Evolution of Aphids[J]. PLoS One, 2016, 11(6): e0157857.

[176] Staden R, Beal K F, Bonfield J K. The Staden package, 1998[J]. Methods in Molecular Biology, 2000, 132: 115-130.

[177] Stamatakis A, Ludwig T, Meier H. RAxML-III: a fast program for maximum likelihood-based inference of large phylogenetic trees[J]. Bioinformatics, 2005, 21(4): 456-463.

[178] Sun H M, Zheng Z M, Huang Y. Sequence and phylogenetic analysis of complete mitochondrial DNA of two grasshopper species Gomphocerus rufus (Linnaeus, 1758) and Primnoa arctica (Zhang and Jin, 1985) (Orthoptera: Acridoidea)[J]. Mitochondr DNA, 2010, 21(3-4): 115-131.

[179] Swofford D. PAUP* 4.0 : Phylogenetic Analysis Using Parsimony[M]. Sinauer Associates, 2002.

[180] Tamura K, Stecher G, Peterson D, et al. MEGA6: Molecular Evolutionary Genetics Analysis version 6.0[J]. Molecular Biology and Evolution, 2013, 30(12): 2725-2729.

[181] Timmermans M J, Barton C, Haran J, et al. Family-level sampling of mitochondrial genomes in Coleoptera: compositional heterogeneity and phylogenetics[J]. Genome Biology & Evolution, 2015, 8(1): 161-175.

[182] Van Blerkom J. Mitochondrial function in the human oocyte and embryo and their role in developmental competence[J]. Mitochondrion, 2011, 11(5): 797-813.

[183] Wan X, Kim M I, Kim M J, et al. Complete mitochondrial genome of the free-living earwig, Challia fletcheri (Dermaptera: Pygidicranidae) and phylogeny of Polyneoptera[J]. PLoS One, 2012, 7(8): e42056.

[184] Wang Z, Wu M. Phylogenomic Reconstruction Indicates Mitochondrial Ancestor Was an Energy Parasite[J]. PLoS ONE, 2014, 9(10): e110685-e110685.

[185] Wei S J, Shi M, Chen X X, et al. New Views on Strand Asymmetry in Insect Mitochondrial Genomes[J]. British Medical Journal, 2012, 5(9): e12708.

[186] Wei S J, Shi M, He J H, et al. The complete mitochondrial genome of Diadegma

semiclausum (hymenoptera: ichneumonidae) indicates extensive independent evolutionary events[J]. Genome, 2009, 52(4): 308-319.

[187] Wei S J, Shi M, Sharkey M J, et al. Comparative mitogenomics of Braconidae (Insecta: Hymenoptera) and the phylogenetic utility of mitochondrial genomes with special reference to Holometabolous insects[J]. BMC Genomics, 2010, 11(1): 371.

[188] Wei S J, Tang P, Zheng L H, et al. The complete mitochondrial genome of Evania appendigaster (Hymenoptera: Evaniidae) has low A+T content and a long intergenic spacer between atp8 and atp6[J]. Mol Biol Rep, 2010, 37(4): 1931-1942.

[189] Whitfeld P R. A method for the determination of nucleotide sequence in polyribonucleotides[J]. Biochemical Journal, 1954, 58(3): 390-396.

[190] Xia X. DAMBE5: A Comprehensive Software Package for Data Analysis in Molecular Biology and Evolution[J]. Molecular Biology & Evolution 2013, 30(7):1720.

[191] Yin X C, Li X J, Wang W Q, et al. Phylogenetic analyses of some genera in Oedipodidae (Orthoptera: Acridoidea) based on 16S mitochondrial partial gene sequences[J]. Insect Science, 2008, 15(5): 471-476.

[192] Yang H, Huang Y. Analysis of the complete mitochondrial genome sequence of Pielomastax zhengi[J]. Zool Res, 2011, 32(4): 353-362.

[193] Yang J, Liu G, Zhao N, et al. Comparative mitochondrial genome analysis reveals the evolutionary rearrangement mechanism in Brassica[J]. Plant Biology 2016, 18(3):527-536.

[194] Yang J, Ye F, Huang Y. Mitochondrial genomes of four katydids (Orthoptera: Phaneropteridae): New gene rearrangements and their phylogenetic implications[J]. Gene, 2016, 575(2-3): 702-711.

[195] Ye H Y, Xiao L L, Zhou Z J, et al. Complete mitochondrial genome of Locusta migratoria migratoria (Orthoptera: Oedipodidae): three tRNA-like sequences on the N-strand[J]. Zoolog Sci, 2012, 29(2): 90-96.

[196] Ye W, Dang J P, Xie L D, et al. Complete mitochondrial genome of Teleogryllus emma (Orthoptera: Gryllidae) with a new gene order in Orthoptera[J]. 动物学研

究（英文版）, 2008, 29(3): 236-244.

[197] Yuan H, Huang Y, Mao Y, et al. The Evolutionary Patterns of Genome Size in Ensifera (Insecta: Orthoptera) [J]. Frontiers in Genetics 2021, 12:693541.

[198] Zhang C, Mao B, Wang H, et al. The Complete Mitogenomes of Three Grasshopper Species with Special Notes on the Phylogenetic Positions of Some Related Genera[J]. Insects 2023, 14(1):85.

[199] Zhang D X, Hewitt F M. Insect mitochondrial control region: a review of its structure, evolution and usefulness in evolutionary studies[J]. Biochemical Systematics and Ecology, 1997, 25(2): 99-120.

[200] Zhang D X, Szymura J M, Hewitt G M. Evolution and structural conservation of the control region of insect mitochondrial DNA[J]. J Mol Evol, 1995, 40(4): 382.

[201] Zhang H L, Huang Y, Lin L L, et al. The phylogeny of the Orthoptera (Insecta) as deduced from mitogenomic gene sequences[J]. Zoological Studies, 2013, 52(1): 1-13.

[202] Zhang H L, Zeng H H, Huang Y, et al. The complete mitochondrial genomes of three grasshoppers, Asiotmethis zacharjini, Filchnerella helanshanensis and Pseudotmethis rubimarginis (Orthoptera: Pamphagidae)[J]. Gene, 2013, 517(1): 89-98.

[203] Zhang H L, Zhao L, Zheng Z M, et al. Complete mitochondrial genome of Gomphocerus sibiricus (Orthoptera: Acrididae) and comparative analysis in four Gomphocerinae mitogenomes[J]. Zoological Science, 2013, 30(3): 192-204.

[204] Zhang H, Liu N, Han Z, et al. Phylogenetic analyses and evolutionary timescale of Coleoptera based on mitochondrial sequence[J]. Biochemical Systematics and Ecology, 2016, 66: 229-238.

[205] Zhang J, Zhou C, Gai Y, et al. The complete mitochondrial genome of Parafronurus youi (Insecta: Ephemeroptera) and phylogenetic position of the Ephemeroptera[J]. Gene, 2008, 424(1): 18-24.

[206] Zhao G, Li H, Zhao P, et al. Comparative Mitogenomics of the Assassin Bug Genus Peirates (Hemiptera: Reduviidae: Peiratinae) Reveal Conserved Mitochondrial Genome Organization of *P. atromaculatus*, *P. fulvescens* and *P. turpis*[J]. PLoS One, 2015, 10(2): e0117862.

[207] Zhao L Z, Huang Y, Zhou ZJ, Wang L. Comparative analysis of the mitochondrial control region in Orthoptera[J]. Zoological Studies, 2011, 50(3): 385-393.

[208] Zhao L, Zheng Z M, Huang Y, et al. A comparative analysis of mitochondrial genomes in Orthoptera (Arthropoda: Insecta) and genome descriptions of three grasshopper species[J]. Zoological Science, 2010, 27(8): 662-672.

[209] Zhou Z J, Huang Y, Shi F M. The mitochondrial genome of Ruspolia dubia (Orthoptera: Conocephalidae) contains a short A + T-rich region of 70 bp in length[J]. Genome, 2007, 50(9): 855-866.

[210] Zhou Z, Shi F, Zhao L. The first mitochondrial genome for the superfamily Hagloidea and implications for its systematic status in Ensifera[J]. PLoS One, 2014, 9(1): e86027.

[211] Zhou Z, Ye H, Huang Y, et al. The phylogeny of Orthoptera inferred from mtDNA and description of Elimaea cheni (Tettigoniidae: Phaneropterinae) mitogenome[J]. Journal of Genetics and Genomics, 2010, 37(5): 315-324.